国家出版基金资助项目
中国城市建设技术文库
丛书主编 鲍家声

Green Productive Renewal of Existing Residential Areas

既有住区绿色生产性更新

郑　婕　张玉坤　丁潇颖　著

华中科技大学出版社
http://press.hust.edu.cn
中国·武汉

图书在版编目（CIP）数据

既有住区绿色生产性更新 / 郑婕，张玉坤，丁潇颖著. —武汉：华中科技大学出版社，2024.6
（中国城市建设技术文库）

ISBN 978-7-5772-0674-5

Ⅰ.①既… Ⅱ.①郑… ②张… ③丁… Ⅲ.①居住区－生态环境建设－研究 Ⅳ.①TU984.12

中国国家版本馆CIP数据核字（2024）第057015号

既有住区绿色生产性更新 JIYOU ZHUQU LÜSE SHENGCHANXING GENGXIN	郑 婕　张玉坤　丁潇颖　著

| 出版发行：华中科技大学出版社（中国·武汉） | 电话：（027）81321913 |
| 地　　址：武汉市东湖新技术开发区华工科技园 | 邮编：430223 |

| 策划编辑：王　娜 | 封面设计：王　娜 |
| 责任编辑：王　娜 | 责任监印：朱　玢 |

印　　刷：武汉精一佳印刷有限公司
开　　本：710 mm×1000 mm　1/16
印　　张：14.5
字　　数：242千字
版　　次：2024年6月第1版　第1次印刷
定　　价：128.00 元

投稿邮箱：wangn@hustp.com

作者简介

郑　婕　中国建筑设计研究院有限公司国家住宅与居住环境工程技术研究中心博士后，高级工程师，天津大学建筑学院硕士生导师（独立），博士生导师（团队），澳门城市大学硕士生导师，天津、河北、黑龙江科技专家库专家。主要研究方向为城乡可持续发展理论与方法、生产性城市、城市更新、光伏与城市一体化等。主持国家自然科学基金项目1项，"十四五"国家重点研发计划子课题1项，天津市科技发展战略研究计划等省部级项目3项，深度参与国家及省部级相关研究课题10余项；出版专著1部，获批专利3项、软件著作权1项，参编标准多项，在《城市规划》、《城市发展研究》、《建筑学报》、*Journal of Resources and Ecology*、*Sustainable Cities and Society* 等国内外期刊发表论文28篇、国际会议论文16篇。

张玉坤　天津大学建筑学院教授、博士生导师，澳门城市大学博士生导师，法国巴黎社会科学高等学院客座教授；曾任天津大学建筑学院副院长、党委书记，天津大学学术委员会委员。2016年获中国建筑学会建筑设计奖·建筑教育奖、中国民族建筑研究会"中国民居建筑大师"称号，享受国务院政府特殊津贴；国家一级注册建筑师。现任建筑文化遗产传承信息技术文化和旅游部重点实验室（天津大学）主任、"中国传统村落与建筑文化遗产保护传承协同创新中心"CTTI智库负责人；兼任国家文化公园建设工作专家咨询委员会成员、住房和城乡建设部传统民居保护专家委员会副主任委员、中国建筑学会村镇建设分会副会长、中国民族建筑研究会民居建筑专业委员会副主任委员、《华中建筑》常务编委、《建筑与文化》《中外建筑》《中国建筑教育》《城市 环境 设计》等期刊编委。主要研究方向为聚落变迁与长城军事聚落、人居环境与生产性城市、设计形态学，承担国家自然科学基金、国家科技支撑计划、国家社会科学基金重大项目等科研项目13项；主编首部全面展示中国长城的专志《中国长城志卷四：边镇·堡寨·关隘》，主编出版著作10余部，发表学术论文200余篇，获批专利10余项，完成遗产保护规划20余项。

丁潇颖　河北工业大学建筑与艺术设计学院讲师，天津市企业科技特派员，国际景观生态学会（IALE）中国分会会员。主要研究方向为都市农业、生态社区、城市绿色更新等。在 *Sustainable Cities and Society*、*Sustainability* 等国内外期刊发表中英文论文10余篇，获得国家授权专利7项，主持与参与国家级科研项目2项、省部级科研项目5项等。

前　言

　　城市生态系统的超负荷运行造成了严重的生态与资源问题，并威胁着国家粮食与能源安全。未来城市的承载力能否支撑其居民的生存与发展需求，将成为城市能否可持续发展的关键。对住区这一城市基本单元进行生产性更新，是提升城市生态承载力的有效途径。因而，亟须对既有住区绿色生产性更新的理论、策略和方法展开研究。

　　本书共有4章。第1章"既有住区生产性更新基础理论"在生产性城市理论的基础上，建构既有住区生产性更新基础理论，阐释其概念内涵。第2、3章分别从空间和社会两个维度阐述了住区生产性更新策略体系。第2章"资源设施系统与住区建成环境重构策略"，分别从系统设计和设施布局两个方面，探讨了住区食物-能源-水循环支持系统的设计策略，以及生活圈尺度下住区物质循环公共服务设施的布局优化方式。第3章"社会关系重构与生活方式重塑策略"，包括宏观管理制度与运行模式、以社区农园为典型代表的项目参与机制，以及以社会资本培育为目标的社区农园发展策略三个方面。第4章为"住区生产性更新设计方法"，分别从开放空间、建筑屋顶和建筑立面三种空间类型探讨了不同目标下的生产性更新设计方法，并在此基础上，在住区尺度上进行整合多空间与多资源的综合设计应用与多目标设计优化。通过系统挖掘住区生产潜力，引导既有住区从单纯的资源消耗地变为生产地，实现住区生产、生活、生态三位一体发展，为城市生态转型和既有住区更新提供新的思路。

郑婕 2018—2020 年主持国家自然科学基金项目"城市既有住区绿色生产性更新策略与方法研究"（51708395）。本书系整个研究团队多年研究的结晶。参与本书研究的团队成员，除了郑婕、张玉坤和丁潇颖之外，还包括天津大学建筑学院张睿副教授，天津大学建筑学院孙璐璐（2.1 节和 4.4 节中食物－能源－水循环支持系统的设计研究）、李泽钦（2.2 节中设施布局设计研究）、陆雨婷（3.1 节中制度保障研究）、洪龙（4.1 节中开放空间相关设计研究）、龚清（4.1 节中部分图片绘制）、石礼贤（4.2 节中建筑屋顶相关设计研究）、李颜哲（4.3 节中建筑立面相关设计研究）等硕博士研究生。感谢团队多年的付出与支持。还要特别感谢丛书主编鲍家声教授，您以深厚的学术造诣为本书的出版打下坚实的基础。衷心感谢华中科技大学出版社王娜编辑以辛勤工作和对细节的严谨把控，确保了本书的高质量呈现。此外还要感谢国家出版基金的支持与资助。

目　录

既有住区生产性更新基础理论

人类生存与城市发展依赖于食物、能源、水和土地等资源，但过度地透支它们，造成了严重的生态与资源问题。雾霾的侵袭笼罩、地下水的污染枯竭、能源的外部依赖、18亿亩耕地红线的频频告急，已成为我国城市生态系统超负荷运行的集中体现。据预计，至2050年我国的城镇化率将高达80%左右。伴随城镇化的推进与人口的增加，城市的承载力能否支撑其居民的生存与发展需求，将成为城市可持续发展的关键。

城市资源的供需矛盾可以用生态足迹理论来阐释。该理论认为，人类的每一种消费都可以用生产它所需的土地面积来衡量。这种具有生态生产能力的土地称为生态生产性土地（ecologically productive land）。借助这一概念，城市资源的供需问题就转化为"需要多大面积的生态生产性土地才能维持特定人口的需求"问题。2022年我国的生态足迹高达承载力的4.2倍，即我国所需的生态生产性土地面积是其用于资源再生的生产性土地面积的4.2倍。面对如此巨额的生态赤字，增加生产性土地面积成为当务之急。

生态生产性土地被划分为化石能源地、可耕地、建设用地等6类。为了使生态足迹具有可比性，该理论规定各类土地之间具有"空间互斥性"。但这一假说使生产性土地的总面积只能固定不变或下降。事实上，不同类型的资源生产性空间并不互斥。太阳能建筑和都市农业实践早已证实了这一点。从这个角度分析，如果能够有效打破空间互斥性，便可增加生态生产性土地的面积。

至2020年底，我国城市居住用地共计18 098.7 km^2，其中既有住区占比巨大。以天津为例，在2023年二手房交易市场中，房龄10年以上的小区有13 754个，占比高达70%。既有住区作为城市的主要构成单元，却大多面临着能耗高、环境舒适度低的困扰。在转变城市发展模式的过程中，将其拆除重建既不现实也违背初衷。因此，本书以增加既有住区的生态生产性土地面积为目标，对既有住区生产性更新的机制、策略和方法进行探讨，并以天津市中心城区为例对相关方法进行应用验证，以期为我国城市生态转型和存量优化转型提供新的思路。

1.1 城市背景——城市转型与生产性城市 *

1.1.1 城市发展困境与应对战略

1. 直面城市生态超载——"开源"与"节流"并举

城市对自然系统的攫取令全球陷入生态超载状态[1]。作为超载极为严重的国家之一，我国人均生态足迹的增长趋势与城镇化率高度一致，但人均承载力长期稳定，难以支撑城市发展（图1-1和表1-1）。截至2022年，我国生态足迹已高达承载力的4.2倍[2]。若不改变城市发展模式，生态超载将随城镇化的推进而加剧，并严重危及国家生态安全。

为此，人们致力于减少生态足迹，但仅靠"节流"不能满足日益增长的需求，也非长久之计。我们应以全新的思路应对生态超载——不仅要减少生态足迹，还要提高承载力（图1-2）。只有城市主动"开源"，才能从根本上解决可持续发展问题。

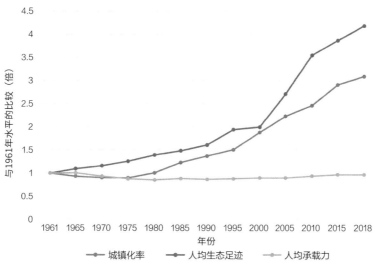

图 1-1 我国城镇化率、人均生态足迹与人均承载力变化趋势图

（数据来源：参考文献［2］和［7］）

---

* 本节内容系《生产性城市》一书的总结提炼。参见郑婕，张玉坤. 生产性城市 [M]. 北京：建筑工业出版社，2023.

表 1-1　我国不同资源的承载力情况

构成	表现
土地承载力	18 亿亩耕地红线岌岌可危。2017 年，现存耕地中质量为中、低等的占比 70.51%[3]
水资源承载力	2018 年，全国地市级城市有 400 多个缺水[4]，市内发现黑臭水体 2899 个，饮用水水源地发现环境问题 6426 个[5]，水质堪忧
能源承载力	我国作为全球最大的能源消费国，2018 年石油和天然气对外依存度为 69.8% 和 45.3%，高度依赖进口[6]
农业承载力	目前粮食自给率已低于国家安全警戒线。据联合国粮农组织数据计算，至 2030 年我国粮食产需缺口将达 1.37 亿吨，高达目前全球交易额的 46%
其他	城市污染严重，仅空气质量一项，2018 年全国地市级城市中有 217 个未达标，占比 64.2%[7]

数据来源：参考文献 [3] ~ [7]。

图 1-2　减少生态足迹的同时提高承载力

2. 正视后工业城市神话的破灭——强化城市生产性功能

目前，许多城市已通过去工业化的方式进入了以服务业为主体的后工业阶段。然而，工业不仅是城市生产必需品的能力，也是服务业的载体，更是积累知识、创造就业机会和链接产业的主要驱动力[8]。哈佛大学对 128 个国家的跟踪分析证实：制造业是经济复杂性的关键，而经济复杂性与人均收入相关度达 75%[9]。因此，在去工业化高峰期后，后工业城市持续出现经济萎缩、债务累积、高失业率和城市衰退等问题，并爆发了结构性经济危机（图 1-3）。可见，后工业城市并非理想的发展模式。

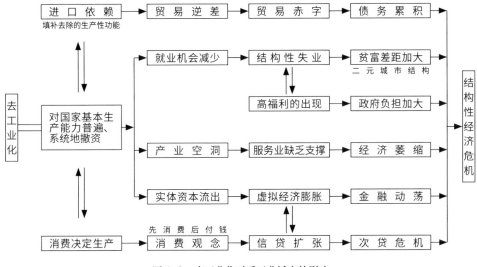

图 1-3　去工业化对后工业城市的影响

　　尽管如此，我国部分城市仍主动或被动地去生产化，向消费性城市转型[10]。北京、呼和浩特等已基本符合后工业特征。2020 年见证了生产能力在危难之际的重要性，但也出现了"无纺布之都"因产业链条中断而难以恢复生产的现象。我们应当吸取教训，调整产业优化目标——不是"去二进三"移除生产性功能，也不是只生产单一的优势产品或高附加值产品，而是形成产业均衡多样且链接紧密的复杂经济体。

3. 反思全球自由贸易——在全球化基础上实现本地化

　　后工业城市的生产性功能缺失加速了全球生产（地）与消费（地）的分离。该分离加大了运输距离和能耗，并转移了消费的生态成本。马奈木·俊介（Managi Shunsuke）研究证实："贸易开放度每增加 1%，导致非经合组织成员国 SO_2 和 CO_2 排放量同比增长 0.920% 和 0.883%。"[11] 增大的生态荷载超出了产地自我修复能力而引发系统崩溃。鉴于此，可将转移的生态成本、远途运输的环境代价、食物提前采摘的营养损失和健康代价等外部成本显现于价格中，形成真正公平的市场驱动，从而将生产消费控制在本地生态系统允许的范围内。

　　本地化并非反全球化，它是全球化进程遵循"否定之否定"规律螺旋发展的必然结果。在生产力普遍提升和互联网普及的基础上，任何创意与成果都能在第一时间到达世界各地，并利用当地材料就地生产展示、销售服务、回收反馈与量身定制。

这种"信息全球化，物质本地化"[12]的生产方式不仅能满足本地真实需求，还能产生更多交流。总之，城市进出口的不再是物流，而是即时的数据信息、文化知识与管理方式。

4. 迎接第三次工业革命——资源整合而服务均等的分布式网络

第三次工业革命为本地生产消费一体化提供了机遇（表1-2）。生产生态化、智能化，生产空间的小型化，令生产性空间能够与城市其他功能相混合；而通信网络化、产品服务化、社交化、知识化[13]，消费个性化、共享化、即时化，供需匹配的精确化，以及可再生能源分布的均匀化……都加速了生产方式去中心化。这种既综合化又扁平化的发展趋势，推动城市作出相应调整，形成内部整合的分布式布局。它不仅适应新的生产方式，还可提高城市资源系统的可靠性，有利于应对极端气候、疫情与灾难，提高城市弹性。

5. 走出我国人地关系紧张的困境——整合资源产地与城市空间

土地是重要的自然资源，也是其他资源生产和社会经济发展的载体与保障。2012—2017年我国建成区面积增加10 659.62 km²，耕地却减少2772 km²[7]。据推算，未来十年城镇化需要32 740 km²的土地[14]，但全国可靠后备耕地仅剩20 000 km²左

表1-2 第三次工业革命为本地生产消费一体化提供了机遇

要素	表现方式	案例	影响
生产方式	走出我国人地关系紧张的困境——整合资源产地与城市空间	3D打印技术（全球设计，本地生产消费，不需要大型设备，个性化定制成本降低）	社会结构趋于扁平化
生产技艺	生态化、智能化	生物生产技术，如用角质薄层取代铝制包装	城市布局趋于分布式
生产者	部分行业技术门槛降低	智能手机及应用软件取代了许多设备、工序与物品，人们可随时随地制作并分享电子产品	减少了产业污染与干扰
消费者	个性化、所属权弱化		人人都可成为"产消者"
产品	信息化、社会化		要求生产与消费深度合作
供需关系	精确匹配，即时开展	优步（Uber）模式，匹配分散的需求与服务产品	即时性需求要求本地生产与消费紧密结合
时间	按需使用的即时性	即时购买，原料直供	
空间	生产、售卖、储藏、消费与休闲空间的小型化、混合化	工厂、KTV变成了商场里的工坊与唱吧；商店变成网店；预订网销的方式缩小了库房体积	使资源生产消费空间能够与城市其他功能相混合

右，库存告急。与此同时，生态治理需要更多碳汇用地，而光伏电场和生物质能基地也大量占用土地。在土地短缺的制约下，未来城市用地与资源生产用地将竞争激烈。

在城市内部，现有节地方式未从根本上补偿城市建设所占用的生态土地功能。以天津为例，1990—2014年其城市密度由1.01增至1.035，但生态赤字翻了4.5倍，亟待另辟蹊径——在城市用地数量"零增长"的前提下，探寻在城市中进行资源生产与生态补偿的可能性，并将城市尚未占用的土地更多地留给生态资源。

6. 何去何从？——发展生产性城市

综上，可得到我国城市发展战略：将城市由资源消费地转化为生产地；避免盲目去工业化，要形成复杂均衡的产业体系；在信息全球化的基础上，扩大内需并重新整合本地的生产与消费；适应生产方式变革，形成分布式布局；重构资源与空间，实现"三生空间"融合。这些战略在城市空间上的反映，即为生产性城市（图1-4）。

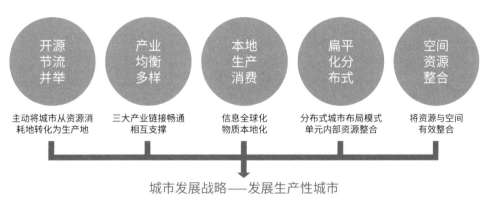

图1-4　生产性城市的构成要素

1.1.2　城市生产性思想发展脉络

危机促使人们从不同维度探索城市生产。资源方面，太阳能城市、零能耗城市、农业城市主义[15]、生产性景观等理论被迅速推广。纽约、伦敦、巴黎和柏林等城市已将农业和可再生能源生产作为城市发展战略。产业方面，20世纪80年代简·雅各布斯提出了实现进口代替的"有生产力的城市"[16]。至21世纪，后工业经济衰落引发"让生产回归城市"的讨论，推动了再工业化政策。2011年麻省理工学院等高校联合推出了"制造城市"（Fab City），通过遍布全球的制造实验室网络实现城市从"产品进垃圾出"向"数据进数据出"的转变。[17]

随着讨论的深入，人们意识到单一性探索不能解决复杂的城市问题，于是整合性思想涌现，如再生城市[18]、生态都市主义[19]、自给自足城市[12]、城市收获[20]等。

"生产性城市"一词也应运而生。2012年，21世纪议程发起人之一杰布·布鲁格曼（Jeb Brugmann）指出"生产性城市是保障未来地球上九十亿人生存的出路"[21]。2018年苏珊娜（Susana）等以生产性城市为目标评估了在屋顶生产食物－能源－水的可行性[22]。2014年至今，天津大学持续发表相关学位论文，已初步形成完整的理论框架与策略体系。

设计探索方面，2009年荷兰代尔夫特理工大学进行了生产性城市规划，为鹿特丹能源法提供参考[23]；2013年加泰罗尼亚高级建筑学院开办了生产性城市暑期学校并于2015年举办了同名国际竞赛，探索未来城市形态[24]；2014—2016年布鲁塞尔、鹿特丹等城市开展"生产性大都市"工作坊，研究如何将生产性功能植入城市生活空间[25]。2017年、2019年欧洲著名设计竞赛Europan连续两届以生产性城市为题，探讨如何整合生产活动与城市空间[26]。

经梳理，得到城市生产性思想发展趋势：从单一资源到多资源；从充分利用城市现有资源到创造机会进行生产；从鼓励用生产补偿消耗到提倡生产量超出消费量；从探讨生产必要性到策略方法；从讨论资源本身到探索资源与城市的融合方式……最终指向"生产性城市"。

1.1.3 生产性城市的概念内涵

1. 生产性城市的核心任务

可持续发展的前提是城市生态系统供需均衡。供需差额即生态赤字。对于决定生态赤字总规模的要素（图1-5），人们致力于控制人口、人均资源消费及单位消费的资源强度，甚至用农药、转基因和有毒材料等可能有损健康的方式提高生产力，却忽视了土地面积。

在生态足迹理论中，人类的每一种消费都可以用生产它所需的土地面积来衡量。这种具有生态生产能力的土地称为生态生产性土地。进而，城市资源供需问题就转化为"需要多大面积的生态生产性土地才能维持特定人口的需求"问题。因此，增

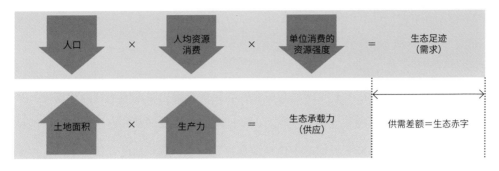

图 1-5　决定生态赤字总规模的要素

（来源：《中国生态足迹报告 2012——消费、生产与可持续发展》）

加生产性土地面积是提高城市承载力的关键所在。

将生产性土地划分为化石能源地、可耕地、建设用地等 6 类，并规定它们在空间上互斥[27]。但该假设使土地的总面积只能固定不变或下降[1]。事实上不同类型的资源生产性空间并不互斥，太阳能建筑和都市农业实践早已证实了这一点。换言之，如果能够有效地打破空间互斥性，便可增加生产性土地的面积。

然而，无论在国土空间规划还是《城市用地分类与规划建设用地标准》（GB 50137—2011）中，建设用地与资源用地都泾渭分明，空间互斥。因此，生产性城市的核心任务是探究如何通过规划手段打破"空间互斥性"，从而最大限度地增加城市建成环境中的生产性土地面积，提高城市承载力。

2. 生产性城市的生产内容与评判标准

决定城市可持续发展的不是生态承载力，而是城市综合承载力。它是由资源承载力、生态环境承载力和社会经济承载力构成的整体[28]。相应地，生产性城市的生产对象包括以下几个方面。

● 城市与居民生存所需要的基本资源，如农业、可再生能源、水、土地/空间资源。

● 有利于城市生态环境建设的各类资源，如林木花草等生态资源、废弃物资源等。

● 城市社会经济发展所需的基本资源，如制造品、社会文化资本及人力资源。其中，制造品指日常生活用品、医疗军需用品与小型生产工具，且须满足"均衡多样"战略要求。

目前，所有城市都生产上述一种或多种资源，具有生产性。但只有当它满足所有资源的生产量等于甚至超过其消耗量时，即达到多资源的生产消费总容量平衡标准时，方可称为生产性城市。

3. 生产性城市的空间结构

事实上，每个城市不必生产所有资源。它只需要最大限度地实现自给自足，其缺少的资源由城市群内其他城市供给。由此递推，形成城际互补→地区互补→国际互补的既扁平化又具层次性的城市供需体系。在城市内也以住区为基本单元，形成如有机体"分形"结构般的自相似层次体系（图1-6）。该模式不仅使城市的生产与消费相对均衡，也能使城市在单元体发生危机时通过原本的互助关系快速支援，从而提高城市整体的响应效率与弹性。

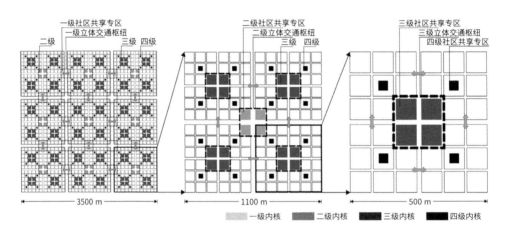

图1-6　城市内部的自相似层次体系假想模型

4. 生产性城市的特征

生产性城市的特征包括以下几个方面。

● 生产力是城市的生命保障。生产性城市通过本地生产、分布式格局与互助层次体系增强城市抵御突发事件（并康复）的能力，具有弹性。

● 通过绿色生产实现生态盈余，具有生态性。

● 不把自然资本视为固定资本，强调城市在"供给侧"的作用，更具主动性。

● 结合全球化与本地化，满足雅各布斯的"文化交流最大化和物质流量最小化"期许[29]。

5. 生产性城市的定义

综上得到："生产性城市"是以可持续发展为宗旨，以绿色生产为主要手段，有机整合林木资源生产、农业生产、工业生产、能源生产、空间生产、文化资本保护与废弃物利用等多种功能的多层次城镇体系；在每个层级的最小范围内，主动挖掘城市生产潜力，力求最大限度地满足居民的可持续生存与发展需求。[30]

1.2 概念内涵——住区绿色生产性更新概述

1.2.1 住区绿色生产性更新的背景

1. 存在的问题

（1）粮食危机

城市高度依赖于其腹地区域的食品供应，消耗了高达全球 70% 的粮食[31]。2020年新冠疫情让各个城市不得不面对严峻挑战：如何让居民在限制流动和市场关闭的条件下仍能获取安全实惠的食物。疫情对食物供给侧产生了直接冲击，生产加工行业被迫停产或减产从而导致食物供应量锐减，再加上粮食生产大国为规避风险不断出台粮食出口禁令，跨区域构建的食物供应链条变得愈发脆弱。2020年前6个月，泰国的大米出口总量与上一年同期相比减少了32.9%，印度小麦出货量降至上一年的20%，俄罗斯和乌克兰等国全面禁止小麦贸易输出。在各大食物生产国出台了一系列举措之后，全球食品价格大幅上涨，达到近20年来最高点，联合国粮食及农业组织对各国发出粮食安全警告，食物危机日益凸显。

目前我国粮食严重依赖进口。2018年我国谷物大豆类作物进口量约1.08亿吨，粮食进口量位居高位；2019年粮食进口量再度呈现快速增长态势。国际粮食市场的供给不稳定及价格波动等因素都将严重影响我国粮食供给，同时对经济社会稳定造成冲击。抛开突发事件与国际环境，仅依据城市人口数量增加、人均食物消费量水平增长量情况、耕地锐减情况等数据，预计我国的粮食产需缺口在2030年将达到1.97亿吨[32]，情况不容乐观。因此，保障本土粮食需求和粮食安全已成为当务之急。

基于以上背景，公众对粮食生产和食物安全的需求迫使城市重新思考农业生产与功能结构的协调关系，供给与需求"异地"的现状使二者之间的运输承受着空前的压力，食物的流通调配难度不断增大，资源成本不断增高。因此，城市需要着眼于"本地"生产，优化城市的功能结构和空间划分，使城市生产出满足自身所需的绝大多数食物等基本产品，或可为缓解紧张的供需关系提供一种方法，为走出这场危机提供一种思路。

（2）能源问题

当前我国正处在经济高速发展、能源消费增长、环境污染严重的特殊时期，同时面临着全球气候变化、能源外部依赖的严峻现实。我国是煤炭资源依赖型国家和全球最大的石油进口国。据《2020 中国统计年鉴》，我国能源消费构成中煤炭占 6/10，石油占 2/10，其他能源占 2/10；其中石油主要依赖进口，对外依存度已超过 70%[33]。因此，由化石能源向可再生能源转型是实现我国城乡可持续发展的必由之路。然而，太阳能和生物质能的开发占用了大量土地，根据 2021 年国家发改委等九部委联合发布的《"十四五"可再生能源发展规划》，2025 年，可再生能源年发电量达到 3.3 万亿千瓦时左右。"十四五"期间，风电和太阳能发电量实现翻倍[34]。光伏发电进入"大规模推进，高质量提升"阶段，预计将占用更多的土地，加剧土地短缺的紧张局势。

基于以上背景，突破能源结构转型与可再生能源发展瓶颈需要另辟蹊径。合理利用城市空间进行可再生能源生产，将能源供给变集中式为分布式，促进低碳、清洁和可持续的能源转型，对于保障能源供应安全与提高城市承载力具有十分重要的现实意义。

2. 面临的机遇

（1）城市更新挑战

进入工业化时代后，城市在自然系统中越来越多地扮演消费者的角色，它从自然界索取资源的同时将废弃物排入环境。能量单向流动的路径破坏了人类与自然之间的能量循环方式，城市资源被快速消耗却无法得到及时补充。面对人多地少、资源紧缺、生态承载力有限等难题，单纯依靠土地增量扩张已难以为继。土地的制约将促使城市发展模式转型，城市更新逐步走到前台。在国家政策的支持下，城市更新上升为国家战略。2021 年《政府工作报告》和"'十四五'规划纲要"共同提出要实施城市更新行动。这不仅意味着城市更新成为"十四五"及今后一个时期我国推动城市高质量发展的重要抓手和路径，也标志着我国城市发展模式已经由"增量扩张"转向"存量挖潜"的发展阶段[35]。然而，原有的增量规划方法侧重技术层面，难以解决城市存量更新过程中面对的复杂空间问题，"哪里能更新、怎么更新、新老如何协调"是决策者需要直面的问题。

基于以上背景，优化城市供需结构布局，挖掘建成环境生产力，提升城乡用地配置效率，解决生产性功能与城市既有空间的冲突，并促进二者有机结合，在当今城市规划、建设和更新中具有创新价值。

（2）住区更新挑战

住区作为城市重要的构成单元，约占城市空间的三分之一。截至 2022 年底，我国城市建设用地中居住面积 18 823.58 km²，占城市建设用地总面积的 31.6%[36]，其中老旧住区占比巨大。以天津为例，在二手房交易市场中十年以上的老旧小区高达 80%，且大多老旧小区面临着能耗高、环境舒适度低、空间利用低效、设施设备老化、基础功能不足等问题。住区不仅是城市生态系统与资源循环系统的组成部分，也承载着居民的日常生活与社会关系，其品质提升和可持续更新迫在眉睫。对此，国家提出城市规划建设管理工作中应有序推进老旧住宅小区综合整治，优化交通布局，促进土地节约利用；强化绿地服务居民日常活动的功能；健全公共服务设施，加快基础设施建设；促进住区参与。各地纷纷提出将既有住区的改造更新作为城市更新与改善民生的重要措施，宜居、适老、生态、绿色、可持续成为既有住区更新改造的高频关键词。

基于以上背景，对城市老旧住区进行农业种植、可再生能源生产、有机垃圾资源化利用等绿色生产性功能提升，可在保持住区功能不变及用地零增长的前提下，提升住区自身资源供给能力，为既有住区更新与城市可持续发展提供新的思路。

1.2.2 住区绿色生产性更新的概念与原则

1. 绿色生产性更新的概念

"绿色生产性更新"是一种以"生产性城市"思想为理论基础，以有机整合农业、可再生能源等绿色生产性要素与城市建成环境为主要手段，以实现提高城市承载力与可持续发展能力为目标的城市更新方式。

住区生产性更新是实现城市生产性更新的主要途径。它是以住区建成环境为载体的生产、生活、生态三位一体化更新，并以绿色生产性功能为触媒，以物质空间建设带动社会空间治理，实现住区功能与综合承载力的提升。

- 通过对住区空间进行改造和适度新建，改善住区空间形态；通过增加住区生态生产性土地面积、构建闭合的住区资源循环系统等方式，提高住区生态承载力。

● 以具有自治功能的生产性空间为依托，通过参与式设计营造、人性化设计、构建共建共治共享的参与机制等方式，培育社会资本，提高住区社会承载力。

● 通过将住区更新成为生产、生态、生活三位一体化的分布式空间单元，形成既扁平化又具层次性的空间/资源/社会结构体系，提升住区对城市功能的支撑力。

● 通过改变住区原有的资源单向流动模式，引导居民转变生活方式，从而赋予住区自我更新、自我调节、自我循环的可持续发展能力。

2. 住区生产性更新方式

本书中的生产性更新方式，特指适用于城市住区尺度的造价较低、易于操作、收益周期短的生产介入方式。生产对象以食物、能源和水资源为主，分配等环节考虑生活物品（图1-7）。

图 1-7　从传统住区单元转化为生产性住区单元

（1）食物

在住区中最大限度地挖掘空间潜力进行食物生产，如利用社区农园等可以为住区居民提供新鲜食物，同时在种植区附近或周围设置相应规模的住区厨房等加工设施，通过开展农夫市集等活动进行分销或直接供给菜市场、中小规模零售店或餐厅等，注重分配与消费过程中的高度可达性。此外，对消费过程中产生的有机垃圾进行分类回收，通过堆肥或建设适宜规模的厨余垃圾处理设施将废物资源化并重新用于生产。整个循环过程在住区、街道，乃至城市层级逐级分层次实现，实现循环过程中各环节的紧密关联。

（2）能源

在城市、街道、住区不同层级设置不同规模的可持续能源中心，灵活弹性地统一进行调配管理。在住区内挖掘能源潜力，合理利用太阳能等可再生能源作为城市的能源补充方式，如屋顶光伏发电等。用能时按照能源梯级进行高效利用，对各类余热、废热进行再利用，如通过热电联供技术，将其输送到温室中用于供热。此外，住区中的各类有机垃圾、含有机质的黑水也可通过沼气发电提供能源补充，而在生产生活中产生的可燃废弃物，可以集中输送到发电厂进行回收利用。

（3）水资源

在住区中结合海绵住区理论，对水资源进行综合管理，如在住区内的建筑屋顶上设计雨水回收处理系统，收集存储雨水，补充地下水，或辅以流动净化设施让水流入蓄水池。用水时要考虑使用功能对水资源的品质需求差异，可以采取措施如建立新的公共卫生系统，对高品质水（包括清洁用水、冲厕用水、灌溉用水）进行循环使用。同时可以建立小型的液化沼气池，收集黑水进行沼气发酵产能，最终完成住区内部水的循环利用。

（4）生活物品

3D 打印等技术降低了量身定制和小规模生产的成本，为实现绿色、实时、就地生产提供了可行性。尽管未来的制造业可能将如零售业一般，与城市其他功能有效混合，但以目前的情况而言，相关策略更多地体现在便利店、超市、快递自提柜、快递物流配送中心、不同层级的维修站点、废弃物回收中心等相关服务设施的布局优化方面。

3. 绿色生产性更新倡导的原则

（1）就近满足居民生产生活需求

既有住区的生产性更新首先要结合居民的意愿和偏好，通过设计满足使用人群的使用需求，在此基础上实现资源生产消费的本地化。以本地化食物系统、分布式可再生能源网络取代长距离食品供应模式、集中式供电体系，降低资源的外部依赖，减少各环节资源浪费。需要强调的是，倡导本地生产消费并非实现完全意义上的自给自足，而是使资源供应可持续，这也是健全城市功能、多样化本地产业的有效举措。

（2）生产活动的多功能性

住区资源生产和消费有诸多附加功能。生态功能旨在以粮食能源生产减少 CO_2 排放量，改善气候条件，减少住区生态足迹；经济功能为以资源生产活动创造就业机会、吸引投资，增加居民福祉；社会功能希望以多样化的生产内容激发相关的文化、教育与休闲活动，对居民购物、饮食、健康产生影响，引导创建可持续的生活方式。

（3）多种资源的可循环性

以住区空间形态为核心，通过统筹布局与合理设计，将食物、能源、水等绿色资源从生产、加工、运输、分配、消费到废物处理的整个链条及完整的循环系统融入住区空间，从而减少住区物质输入和输出。此外，格外关注空间与资源、资源与资源之间的相互制约与关联影响，综合考虑空间与资源关联节点的物质能量转换路径及其适用条件，确定协调多种资源的解决方案。

（4）作为生产性城市的分布式布局单元

当前的生产方式正经历从"大企业为主导，集中生产，全球分销"模式，到"中小规模企业或个人，分布生产，就地销售，网络共享"新模式的转变。住区作为城市的空间单元，也是资源分布式系统的构成单元。其自身既是小型的多资源整合的资源网络，也属于整个生产性城市的分布式网络系统。

1.2.3　住区绿色生产性更新的意义

1. 解决城市发展中资源供需矛盾的战略意义

（1）转变城市发展模式

住区是城市的基本组成单元，对它进行绿色生产性更新设计，形成技术上可行、原则上可复制、规模上可扩展的全新发展模式，可起到战略推广作用，促进城市由消费性向生产性的转变。

（2）缓解城市用地压力

绿色生产性更新着眼于住区建成环境的合理再利用。闲置空间的开发（屋顶农业、屋顶光伏大棚、住区荒地复垦）补偿占用耕地；生产空间的开辟（立体农场、立面光伏）增加资源生产性土地面积。住区土地开发模式的推广，还将起到示范作用，带动城市废弃地修复利用项目的开展，缓解城市用地压力。

（3）保障粮食能源安全

在住区开展粮食能源生产，有利于增强城市资源生产力，提高我国粮食能源储备量，改善我国资源受外牵制状态。以单个住区为基点建立资源生产系统，以多个住区为单位形成资源生产网络，各住区协调配合相互补给，可实现区域供需平衡，确保城市免受资源短缺及粮食能源价格波动的影响，提升城市弹性。

2. 促进住区社会空间的生产，塑造居民可持续的生活方式

（1）重塑社会关系，营造归属感

目前的城市住区从空间和精神上瓦解了熟人社会，而资源生产与共享活动能增加居民互相接触的机会，促进邻里交往，提升住区凝聚力。

（2）适于开展老有所为的居家养老

让既有住区中的老年人开展生产性活动或组织管理工作，不仅能锻炼老年人的身体、缓解老年人退休后的心理不适，还能实现老年人的创造力与价值。

（3）创造教育与放松场所

住区生产性更新增加了儿童接触有机种植和绿色技术的机会，有助于儿童从小形成生态环保理念。青年人参与生产活动可以减轻精神压力，释放负面情绪。

总之，生产性更新通过让居民参与绿色生产活动、接触绿色环境，引导其转变生活方式，进而主动改变生活环境，实现住区更新的"自主发展"与不断完善。

3. 投入少而收益高的既有住区更新方式

（1）低花费的建筑节能新举措

俞孔坚教授的褐石公寓改造项目证明，采用阳台农业可以用较少的投入、简单的方式将普通住宅转化为绿色低碳建筑。由于农业阳台对户外环境的缓冲作用和生态墙的降温作用，住户在夏季不开空调就能满足舒适度要求。刘烨和李保峰也分别通过实证研究证实，这些措施节能效果显著，且不会对围护结构造成过大的干扰。

（2）减少居民开支，增加经济收益

生产性更新可为家庭提供有机食物和清洁电力，减少相关开支；而新的生产方式与生产内容，能够带来经济契机，有利于相关产业发展；此外，基础设施建设和生产活动可为市民提供就业机会，环境品质的提升也能拉动住区经济增长。

4. 对目前自发的既有住区生产行为进行系统指导

住区自发性生产行为体现了居民的生产诉求，但存在无序混乱的问题，需要系统指导。就能源而言，应在住区更新之初就考虑太阳能设施与建筑的一体化，充分考虑相应构件与管道等问题；还可为居民提供更为经济合理的能源利用方式，如溴化锂吸收式太阳能空调三联供系统、太阳能热泵等。就农业而言，设计与管理可以提高土地利用率，减少住户的随意圈地行为，保障产品的分配，减少摩擦，还能为其提供基础设施和技术服务，使住区生产有序化、规模化、景观化。

如何减少能源与农业生产的用地冲突，如何高效地整合多种资源，如何以资源、生态、社会效益最大化为目标围绕多种设计策略进行决策，也需要专业人员的设计与指导。

总之，绿色生产性更新可为住区提供专业化的管理策略与技术服务，保障生产用地与产品分配的公平性，提高生产效率，实现住区生产向有序化、规模化、系统化方向发展。

1.2.4 住区绿色生产性更新策略概述

1. 构建全面的资源生产系统——从消费性到生产性

（1）满足空间需求，优化场地布局

既有住区普遍存在功能空间匮乏与配置不足的问题。不同功能空间无序分散的布局形式也使得资源利用过程冗杂烦琐，降低了资源生产效率。因此，住区更新应从资源生产行为特点入手，确定不同功能环节适宜的空间类型，包括大小、位置等。通过改造再利用的方式，配备与完善住区所需的空间与公共服务设施，如为服务水平较低的住区提供生产性零售机会，改造闲置用房为农产品交易平台。在满足需求的同时，分析各功能环节间的联系，调整相应空间的组合关系；并结合住区实际情况，优化场地布局，如将储藏室设置在种植温室附近，减少运输中的资源浪费，形成有序、紧凑、高效的资源生产系统。

（2）综合利用不同的生产技术

地域限制与住区环境差异决定了不同技术的效益差距，实际上，将相同的技术应用在同一个住区的不同空间，也会获得截然不同的应用效果。为保证资源生产各

功能环节的完整性，可通过综合利用多项技术，达到生产效率最大化的目的。就能源生产而言，可将热电联产系统与光伏系统相结合，在夏季和过渡季节以充足的太阳能供电，冬季通过沼气驱动热电联产系统供电，保障住区全年用电。

（3）住区环境系统（建筑系统、交通系统、景观绿地系统）与绿色资源全方位系统整合

例如，以促进能源生产为目的的交通系统改造，将系统中的道路建设、设施配置、出行工具选择与可再生能源系统相整合：道路与停车位表面铺设光伏面砖，上方架设光伏板，补充住区能源；停车场周边设置充电桩，作为光伏系统与终端设备的中间介质，直接高效地为居民供电；优选电动交通工具，以实现向绿色出行方式的过渡，并利用车载电池，在车辆停靠时储存盈余电量或输出供电，减轻高峰负荷。这种整合方式，使住区各个层次体系均具备资源生产能力，实现住区建成环境从形式到内容的全面变革。

2. 转变资源流通模式——从线性模式到循环模式

（1）多种资源的整合

根据住区资源利用现状，设置循环设施，将农业、能源、水、固体废物等资源设施系统相关联，回收上一资源生产过程中的输出物并将其作为另一系统的输入原料进行再生产（图1-8）。

（2）每种资源不同环节之间的整合

在资源的生产、加工、分配、消费、再回收利用之间建立空间关联，例如，在农业生产用地旁设置食物加工、售卖设施等。此外，推进循环系统相关的基础设施的集成互联，例如，与有机废物回收相关的厌氧消化器、堆肥装置、温室聚集形成资源循环的最短路径。

3. 设计操作手法——从粗放式到集约化

（1）保留

住区中正在应用的光电光热设施、雨水回收处理设施等，均可继续使用。住区现存农业景观虽然种植类型单一，空间吸引力较弱，可进行设计改造，对其进行优化。在保持农业功能的基础上，完善种植模式，满足不同群体的不同生活需求：用于儿童参观与学习的农业教育园地；退休老年人可耕作交流的种植园区；为解决失业人

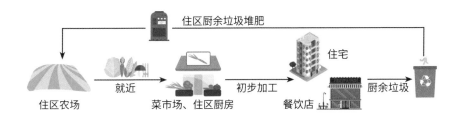

食物生产－分配－加工消费－回收－处理－再生产

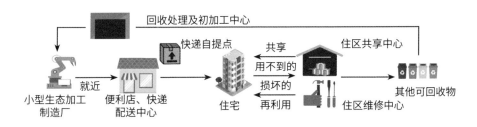

生态制造品生产、加工－分配－消费－维修/共享/回收/处理－再生产

图 1-8　从线性模式到循环模式（以食物和制造品为例）

群就业问题，毗邻种植空间设置的住区厨房与食品展销市场；对于残障人士，已有种植空间的更新设计，兼顾使用者的生理需求并提供相应设施。

（2）置换

在不影响空间要素原有功能和价值的前提下，可以进行生产性置换，为原有空间要素增加生态、经济和社会价值等。食物方面，可将绿化用地中的观赏性景观部分置换为"参与式"的农业景观，如灌溉水渠兼做水体景观，攀爬类藤蔓用作景观遮蔽物。在能源生产利用中，对传统温室进行光伏薄膜、光伏玻璃等组件的置换，将建筑的屋顶覆层、窗户、雨篷等构件置换为光伏瓦片、光伏玻璃、光伏雨篷等一体化构件等。在水资源的收集利用中，将硬质路面铺装置换为透水材质，路边树池置换为生态滞留池，普通水龙头置换为节水器具等。

（3）填充

充分挖掘住区中闲置的、未经过充分利用空间的生产潜力。例如，将建筑单体边角空间进行填充，诸如走廊、楼梯间、过道、阳台、中庭等，利用微小空间进行生产。同时还可以将住区外部闲置空间进行填充，如废弃停车场、无人管理的绿地等，可以结合闲置空间特性进行食物或能源的生产。

（4）叠加

在短期内无法更改界面形态的空间中，叠加生产性要素，提高空间利用率。例如，在食物生产中，将建筑屋顶和立面与种植叠加，发展屋顶农业与垂直农业；路旁棚架叠加作物种植，美化了交流空间等。在能源生产中，停车场遮阳棚叠加光伏组件，建筑屋顶叠加太阳能光伏板，建筑立面窗间墙、窗下墙叠加预制光伏组件等。在绿色生产性更新中，可进一步扩大"叠加"的规模，以叠加层为媒介进行连接，构建连续丰富的公共空间界面。通过生产功能的植入，摆脱现行土地利用模式对使用功能的束缚，提供一种多样化的生活模式。

（5）补充

主要是针对生产性基础设施进行补充，从而使生产性功能得以最大限度的发挥；或者对公共配套服务功能进行补充。例如增加小型沼气池进行能源的循环，厨余垃圾一体机帮助堆肥，雨水净化存储装置促进雨水的收集利用等；增加早市、农夫市集等配套功能，缩短生产与消费的距离等。

（6）重构

在住区中创造全新的功能空间体系。这通常适用于拆除后需要重建的空间。城市更新导则中通常会划定一定比例的拆除建筑，此外，经详细调研后确认其利用价值较小的建筑或构筑物，如住区中一些低矮破败的历史自建房，也可考虑拆除重建。这类生产性空间的位置与形式在更新初期应加以考量，以满足居民正常生活的指标要求，避免与其他功能（日照、采光等）产生冲突。同时，考虑空间协调性，在与住区整体环境（外观、色彩等）有机融合的基础上适当创新。住区也可利用生产性空间的特殊形式，增强住区可识别性，或设计绿色生产标志，强化居民对生产性活动的认同意识，产生积极的社会影响。

4. 挖掘人力资源潜力——从被动配合到主动参与

根据环境学家让·朔伊雷尔（Jan Scheurer）的研究结果，在大多数欧洲城市更新项目中，"来自社会并且服务于社会的技术革新"更容易被居民接受，一些被建筑师强加给居民、过程中缺少居民参与、后期缺乏相关教育的革新设计往往被居民忽略。让·朔伊雷尔同时指出了更新主体"住区及其居民"的重要性，认为对住区及居民的关注，不仅可以让技术更好地使人受益，还能创造出住区更新和经济发展的社会资本[37]。

在我国，尽管环境问题与资源生产的紧迫性已取得了全社会的共识，但是仍有居民无法接受在自家屋顶架设太阳能板、安装农业设备，这种"不要在我家后院"心态在实践中十分普遍。由此可见，就绿色生产性更新而言，强调"以人为本"的更新理念，挖掘人力资源价值，促使居民由"被动配合"转为"主动参与"，对实现住区资源转型与文化转型有重要意义。

在实际操作中，可从成立专家组织，开展多样化的绿色生产性更新宣传教育活动，构筑服务设施平台，为住区创造性活动与经济活动提供支持等方面着手，通过提供专业化的培训服务和更为可靠的技术措施，鼓励居民积极参与更新与决策过程，并赋予居民参与住区管理的主动权。

2

资源设施系统
与住区建成环境重构策略

在当前的城市体系中，各类资源设施各自为政，彼此独立，产生了大量重复的管网和控制管理系统，在运输或传输过程中浪费了大量资源，各项资源难以实现整合，造成了城市资源设施系统附着或独立于城市生活空间的现象（图2-1）。在尽量小的尺度（街道、住区、小区）上整合多种资源服务设施，建立循环模式，将资源设施系统与城市空间融合，对缓解城市环境压力具有举足轻重的作用（图2-2）。

无论是食物、能源、水资源还是生活物品，其生产、加工、运输、消费、处理再利用各环节的实现，都以建成环境本身的特征及相关基础设施的支持能力为基础。因此，本章从两个方面展开：一是住区食物－能源－水循环支持设施，从资源的视角进行分析，强调生产性设施对多资源系统关联、多流程环节的支持作用，具体解决各环节设施如何更好地服务于整个资源循环系统的问题；二是生产性公共服务设施的布局，是从"宏观"空间的视角展开分析，解决不同设施在住区中的布局问题。

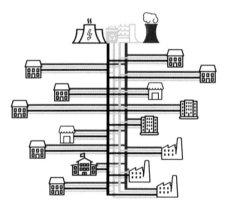

图 2-1　多种资源的供给回收系统

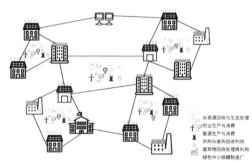

图 2-2　分布式系统与整合重构一体化

2.1 系统设计——住区食物－能源－水循环支持系统设计策略

2.1.1 资源子系统

1. 食物子系统

对于住区食物子系统内部环节要素，以"减少消耗和浪费—重复利用废物流—最大限度生产"为原则进行生产性更新（图 2-3），各环节现状分析与更新策略见表 2-1。

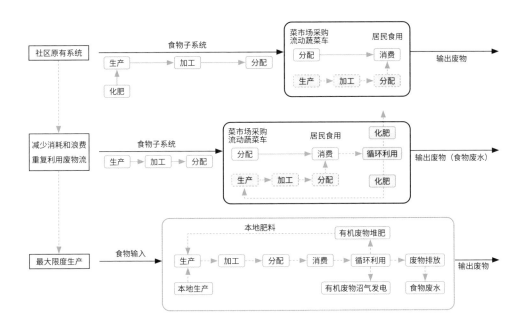

图 2-3 住区食物子系统更新示意

表 2-1　食物子系统各环节现状分析与更新策略

环节	住区现状分析	更新策略
食物生产环节要素	● 生产空间不足 ● 食物生产用水量受限：根据《天津市水资源公报》2018—2022 的数据，农业用水占总用水量的比值从 2018 年的 35.18% 下降到 2022 年的 21.57%，浅层地下水位也由于持续开采而不断下降，致使住区中食物生产灌溉成本也在增大，高耗水的作物种植受到制约	● 加强雨水再生水利用，选择低耗水的作物进行种植，尽可能保障农业用水 ● 对住区空间潜力进行评估，充分利用闲置资源，最大限度地进行本地化生产 ● 生产过程要满足灌溉、施肥、存储生产工具等要求，从而缩短食物原料与货物里程，降低交通运输能耗
食物加工环节要素	● 加工过程中滥用抗生素、激素及食品添加剂等，影响食品安全 ● 缺少直接支持居民日常生活的食品加工（如家庭用新鲜预制菜） ● 食物里程的增长拉长了食物冷藏的时长	● 为满足加工的需求，在种植区设置加工处理设施（住区共享厨房）与储存空间，同时综合考虑加工所需要的水、能源、废物处理等基础设施 ● 缩短住区内食物生产与加工环节的距离，对新鲜食物的加工过程进行监管与监督，保证住区内食物加工环节的食品安全
食物分配环节要素	● 食品的生产地到消费地之间距离长，增加了运输能量消耗和碳排放 ● 运输分配过程环节多、效率低、浪费严重 ● 零售市场类型不均衡，超市等购物中心数量上升，早市、集贸市场数量下降	● 分配过程保障高度的交通可达性与可购性，支持在种植区、加工区直接销售，住区内居民可自行组织农夫市集、早市等，保障零售分布的均衡性和广泛性 ● 加入类似"食物银行"的概念，实现当日未出售或者未被使用的新鲜食材的再分配
食物消费环节要素	随着经济社会的发展，住区居民人口持续增长，消费大幅增加，人们对于食物的要求更加多样，更加追求食品的新鲜有机	● 消费过程支持餐馆直供，可在种植区提供野餐等活动的空间 ● 结合住区小学及幼儿园等教育类建筑，提供体验式种植学习环境，开设农业、生物等方面的课程，使参与者得到亲手种植、收获、烹饪、食用的满足感
废弃物处理环节要素	● 处于发展的起步阶段，废弃物处理率较低，不能完全实现资源的循环 ● 住区居民对该环节的意识相对淡薄，对于该环节要素的推行没有起到较大的推力作用	● 对住区内食物系统所有环节过程中产生的有机废物进行处理与管理，避免产生不当气味，并注重废物再使用的安全问题 ● 完善生产性处理设施，对居民食物垃圾和粪便采取不同的处理方式，最大限度地减少废物的输出，促进资源循环 ● 对住区居民进行宣传，普及废物处理的优势，培养居民绿色循环生活的理念

2. 能源子系统

在住区能源子系统内部，可以按照"节能—循环利用不同品质能源—可再生能源生产"的步骤进行生产性更新（图 2-4），各环节现状分析与更新策略见表 2-2。

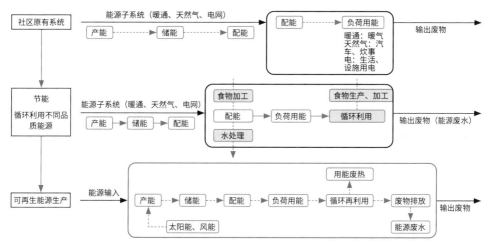

图 2-4　住区能源子系统更新示意

表 2-2　能源子系统各环节现状分析与更新策略

环节	住区现状分析	更新策略
能源生产环节要素	传统城市住区能源系统主要依靠市政电网、热网和燃气管网等市政管网，碳排放较多	让建筑、设施、公共空间等成为小型的发电站、供热站和制冷站，使传统大型的中央化能源供给系统向小型分布式可再生能源供给系统转变
能源运输分配环节要素	能源远距离运输造成大量能耗，能源利用效率低，且无法实现与用户的实时交互，难以满足变化的需求	分布式布局能够减少传输能耗，使用智能化管理控制系统对能源信息进行反馈和管理，有助于减少住区中的人均能耗
能源存储环节要素	由于光伏发电系统的间歇性等特点，储能环节成为制约分布式光伏应用的重要原因	●重视储能环节，通过储存多余的能源，实现能源供给均衡高效 ●配合电动汽车、家用电器等实现建筑光储直柔
能源消费环节要素	越来越多的基础设施运行需要依赖能源供应，住区能耗不断增加	●对城市中一次能源高效利用后的各类余热、废热进行再利用，如发电厂中产生的大量余热，可以通过热电联供技术，以高温水蒸气的方式输送到居民区或温室中用于区域供热 ●发展节能建筑，降低能耗 ●推广新能源的应用
废物处理环节要素	目前城市住区中没有能源废弃物处理过程（能源的勘探、生产、开发、利用过程中产生的废气、废水等废物的处理）	在住区尺度上尽可能地节能减排，发展使用清洁能源，最大限度地减少能源废气、废热的输出
能源管理环节要素	当前能源系统的规划管理在城市更新建设中处于从属地位，对于用户用电不稳定和时间变化等问题，缺乏对能源供给进行统一高效智能化的管理	在建立完善的本地微网的基础上，建立智能管理系统，与城市主网、国家电网连接，对用户信息进行采集从而定制管理系统。在系统的预测、连接、监督、反馈、调控下进行管理，根据不同微电网之间的能源盈亏进行分配，总体控制能源的储存和输送，从而更好地平衡供需关系

3. 水子系统

由于住区通常不涉及水资源的生产，住区水子系统环节主要是指雨水收集、配水、储水、用水及污水处理几个环节。系统可按照"节水—中水回用—雨水收集利用"的步骤进行生产性更新（图2-5），各环节现状分析与更新策略见表2-3。

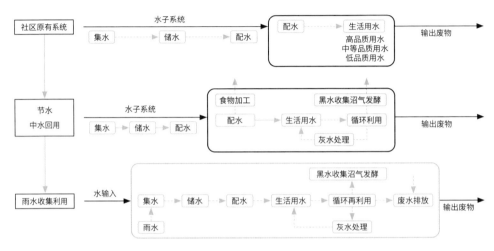

图 2-5　住区水子系统更新示意

表2-3　水子系统各环节现状分析与更新策略

环节	住区现状分析	更新策略
雨水收集利用环节要素	住区雨水利用率低：老旧住区的雨水收集与处理技术落后，雨水没有得到合理收集与处理后再利用，致使水资源流失和浪费严重，造成住区在短时间内无法缓冲和处理大量雨水，从而导致雨季时住区内涝严重	完善雨水收集系统，增加自然汇水区域来收集、滞留雨水，从而缓解传统管网压力和减少径流面源污染，例如可以对屋顶进行绿色改造，适度增加绿地与绿地基础设施，采用渗水铺装、生态停车场等策略，引入雨水花园、下凹式绿地、植草沟等设计，改善住区的雨水存积问题
用水环节要素	● 忽视水资源品质需求差异，较少利用中水 ● 居民节水意识较为淡薄	● 实现对水资源品质的阶梯利用，提升中水利用程度 ● 切实把节水贯穿于住区居民生产生活的全过程。大力推广节水技术和节水器具，节约用水、合理用水

环节	住区现状	更新策略
污水处理环节要素	● 住区的污水回收率不高，生活污水没有经过处理循环利用就直接排入城市下水系统，造成一定的浪费 ● 老旧住区中往往存在供水管道杂乱、计价设施老旧、地下排水管线分布情况不明等问题，致使住区中的中水回用改造等在短期内较难实现	充分利用废水资源：将生活污水作为资源，就地处理再利用，通过管道把污水送至中水回收处理站，进行中水回用系统处理后再次供居民使用，实现非饮用水的供给，减轻市政供水压力。住区中常用的更新改造方式为在家庭中安装小型生物污水处理设备，将废水就地净化，用处理后的中水冲厕所，将冲厕所后的废水生化处理后作灌溉用，也可存储起来
水管理环节要素	我国住区水资源管理等相关领域起步较晚，相关技术与管理经验不足	根据不同住区的具体情况，有条件的住区可以加大对智能水管理系统的投资，可以更加精准灵活地对住区内水资源进行调节和管控，减少水资源的浪费

2.1.2 食物－能源－水关联节点及生产利用策略

水－能源子系统：本书涉及的住区能源生产指的是太阳能等清洁能源，水资源主要探讨的是雨水的回收利用，光伏电池发电不需要水的参与，因此住区中水和能源的关联节点为雨水处理、污水处理和太阳能热水系统。雨水利用期间能耗都体现在水处理体系之中，污水处理节点同样需要专门的设备对收集到的污水进行处理，部分可以循环回用，处理过程需要消耗一定量的电能。

食物－能源子系统：住区食物生产类型主要为叶菜蔬果类，因而住区中食物和能源的关联节点在于食物种植、食物加工、废弃物处理环节。蔬果种植灌溉、收获后干燥处理储藏、食物加工包装等都可能需要能源以电力的形式参与。此外食物消费后产生的固态有机垃圾通过沼气生产处理可以发电，对能源进行补充；对于热值较高的可燃垃圾还可以通过焚烧产生热量进入能源系统的循环利用。

食物－水子系统：食物和水的直接关联环节有食物生产、食物加工和废弃物处理环节。食物的生产和加工不仅需要能源的支持，还需要水的供给。尤其是食物生产环节，作物种植用水贯穿植物生长发育全部过程。住区生产性更新中，可通过对雨水收集利用尽可能满足本地食物生产对水的需求，通过堆肥设施将生活污水处理后产生的污泥用于土壤的改良，将尿液收集储存后直接作为肥料农作物的种植。

关联节点和代谢路径的分析，更加显示出食物−能源−水资源之间具有复杂的关联（图 2-6），其中某一种资源的约束可能会限制其他资源的开发利用。因而更新时要避免一味追求单领域资源效益而造成不利的连锁反应，子系统关联环节更新原则详见表 2-4。

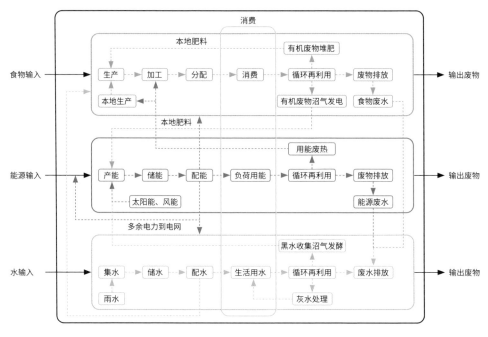

图 2-6 住区食物−能源−水关联系统示意

表 2-4　子系统关联环节更新原则

关联环节	更新原则
食物－水子系统关联环节	● 住区内开展本地化农业种植、加工可以充分满足居民对新鲜有机蔬菜水果的需求，但这一过程需要大量消耗水资源。若一味追求食物产量最大化，收集利用的雨水资源可能无法满足种植需求，需要更多来自市政管网的水，加剧了水资源的供需矛盾。因而种植时要充分考虑水的消耗，选取耗水量小的作物，适度生产 ● 需要充分利用雨水资源，尽可能达到零浪费的目标。同时重视生活污水的利用，其再生循环利用可以在一定程度上减少水的浪费，同时经处理得到的肥料能够保障本地食物生产的安全
能源－水子系统关联环节	雨水和污水的利用虽然会消耗一定量的电能，但可以产生更大的效益。除了可以提高处理设备的技术水平，在住区能源产量有余量时，应尽可能地对水资源进行回收循环处理
食物－能源子系统关联环节	● 食物的生产、加工都需要用电，随着科学技术的发展，可以通过提升设备的运行效率来减少能源的消耗。另外，在这一过程中可以提高居民、加工商的节能意识，例如在阳台种植中，有条件的居民可以人工浇灌，增加种植体验感，倡导食物的精简包装处理等，在一定程度上可以节约能源的消耗 ● 对废弃有机垃圾进行充分利用，进行能源的补充，例如进行垃圾的细化分类收集，直接将垃圾送往不同的处理设备进行再利用；或引入一些新的设施组件，例如在街区内部建造小型软体沼气池，当作能源的中转站，使物质循环周期缩短，整个系统更加完整、合理

2.2 设施布局——住区物质循环公共服务设施布局优化

城市住区是物质资源的主要消耗地和废物初次排放地，居民日常生活离不开食品、日用品等基本物质资源，也离不开为这些资源的生产、分配、消费与废弃物处理等环节提供服务的设施。为了整合城市物质资源循环系统与城市生活空间，在住区生产性更新中需要探讨优化相关服务设施布局方式的策略与方法。

2.2.1 住区物质循环公共服务设施

2018年12月1日《城市居住区规划设计标准》（GB 50180—2018）[1]正式实施，该标准规定：住区公共服务设施（配套设施）是指对应居住区分级配套规划建设，并与居住人口规模或住宅建筑面积规模相匹配的生活服务设施；主要包括基层公共管理与公共服务设施、商业服务业设施、市政公用设施、交通场站、住区服务设施及便民服务设施。

当前相关研究多基于居民的使用需求对住区公共服务设施进行优化布局，忽视了城市资源设施系统附着或独立于城市生活空间的现象，以及目前物质循环链条所存在的资源里程长、配送路线重叠、联系不紧密、废物排放量大、资源回收利用效率低、无法形成循环利用等问题。

因此，本书从物质流动的角度将"住区物质循环公共服务设施"界定为："为住区居民日常生活提供服务并参与物质资源循环链条中从生产、加工、分配、消费到维修、回收与再生产等环节的设施。"此外，由于生活圈（设施布局）的尺度大于住区，本书虽为"住区生产性更新"，但本节的研究对象以街区为基本单位。

1. 住区物质循环公共服务设施的理想化布局模式

（1）就近满足居民使用需求

设施首先要完全满足居民的使用需求，使居民能够在相应的生活圈范围内获取设施（图2-7）。

设施数量、布局也要与区域内人口相适应，实现高效、共享，服务尽可能多的

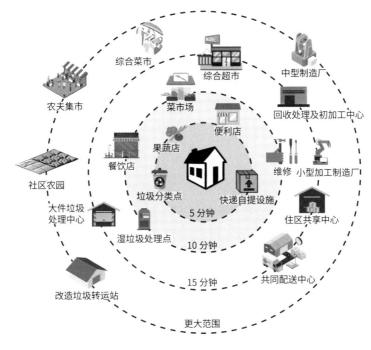

图 2-7　生活圈内的设施布置

居民，考虑功能混合的布局模式，将不同功能的设施集中布置，提高居民出行效率、设施使用效率。

（2）设施间联系紧密，形成小尺度循环

由于能源和水资源的循环系统更多依赖于建筑、景观中的市政设施，如能源的光储直柔系统通常考虑与建筑一体化设计应用，场地雨水回收系统通常作为景观营造的手段，或通过管道进行隐藏。因此，本节讨论的主要对象限制在食物与日用品两类。此外，由于当前除普通的食物与日用品的批发零售外，网售快递也成了物质流动的一个主要途径，所以本节将快递单独拿出来进行分析。下面从食物流、日用品流与快递流三种途径进行分析。

对于农业而言，可利用城市闲置空地进行生产性活动，住区菜园既为居民日常生活提供新鲜蔬菜，也是物质循环链条得以形成的重要环节（生产）。在城市发展过程中住区菜园很可能会成为住区物质循环服务设施的内容之一，为城市生活空间与物质资源循环系统的融合提供帮助。同时在种植区附近或周围设置相应规模的住区厨房等加工设施，可直接供给菜市场、中小规模零售店或餐厅、住区居民，分配与消费过程中可达性较高。对消费过程中产生的有机垃圾进行分类回收，通过堆肥或建设适宜规模的厨余垃圾处理设施将养分返还农田。整个循环过程在住区、街道，乃至城市层级逐级分层次实现，实现循环过程中各环节的紧密关联，如图 2-8a 中的食物流。

对于使用物品而言，可在城市、街道、住区不同层级设置不同规模的制造中心和制造作坊，生产生活所需的物品，并将这些物品分配至商业空间或者直接销售给居民。随着技术发展，制造中心和制造作坊的尺度逐渐变小，很有可能会和其他住区的物质循环服务设施一样，混合在住区空间中，为居民提供日用品，并作为循环链条的重要环节发挥作用。同时在住区步行可达范围内设置维修共享站点，实现物品的再利用。在家庭尺度上将废弃物进行分类，放入相应的回收设施，然后送到废弃物处理中心，通过处理，生成新产品，或者把废弃物作为原材料送入制造中心，如图 2-8a 中的日用品流。

对于物流快递而言，可采用分布式物流系统，在城市、住区不同层级均衡设立不同规模的共同配送中心，划定服务半径，根据用户位置规划最优配送路线，避免产生路线交叠的混乱配送情况，形成更为高效的物流系统，也有利于缩短生产与消费间的物流里程，减少对环境的污染，如图 2-8a 中的快递流。

无论是农业、成品制造、物流还是废弃物处理，都采用横向连接的小型化分布式系统，系统分布广泛均衡，其内部高度复合，各系统间通过智能控制和支撑设施连接成网，整合重构一体化，形成整体的资源互联网络支撑（图 2-8b）。在分布式系统内形成多种资源、功能的整合重构，流动循环（图 2-8a 和 2-8c），最大限度地缩短原料与产品的里程，实现本地化生产与循环（图 2-9）。

2. 设施内容

参考新规和住区公共服务设施的已有研究，结合问卷调查结果，筛选出与居民生活密切相关且参与物质流动的具体设施（表 2-5），并确定其服务范围。

3. 评估指标

为测算设施是否满足居民使用需求，以及设施间是否联系紧密形成小尺度循环，本书选取三个指标（设施覆盖率、人口协调指数和物质循环里程），对住区物质资源服务设施布局进行评估。

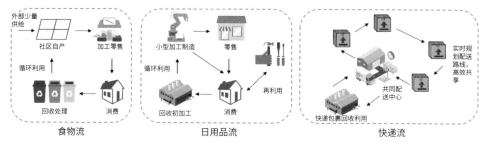

a 住区内发生的物质流动循环

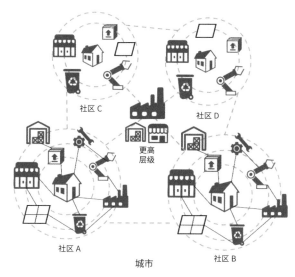

b 分布式系统与整合重构一体化

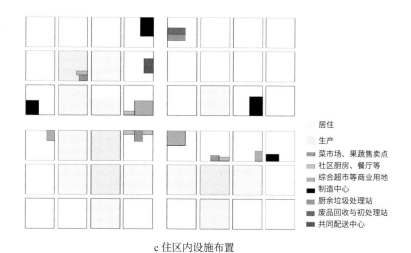

c 住区内设施布置

图 2-8　分布式系统与住区层级设施布置示意图

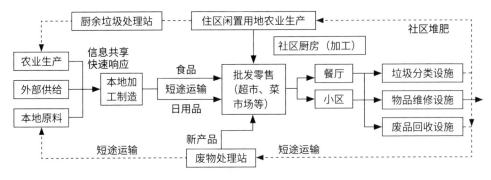

图 2-9　本地化生产与循环示意图

表 2-5　5-10-15 分钟生活圈内物质循环公共服务设施及其涉及环节

时　间	公共服务设施	涉及环节
15 分钟	综合超市	分配
	咖啡甜品店	消费
	邮政物流设施	分配
	垃圾转运站	回收
10 分钟	菜市场	分配
	餐厅	消费
	维修设施	维修
5 分钟	便利店	分配
	果蔬店（住区菜店）	分配
	快递配送与自提设施	分配
	再生资源回收点、垃圾分类回收点	回收

（1）设施覆盖率

设施布局首先要满足人的使用需求，测算从每个小区出发步行 5 分钟、10 分钟、15 分钟是否可以到达相应的公共服务设施，如果小区 $\text{Community}_{i,s}$ 在相应时间内步行可达第 j 生活圈内的设施 k，则称小区 s 被该项设施覆盖，如不可达则称该小区未被设施覆盖，如以下公式所示[2]。

$$C_{i,j,k,s} = \begin{cases} 1, & \exists F_{j,k} \subset N_1(\text{Community}_{i,s}) \\ 0, & 其他情况 \end{cases} \tag{2-1}$$

$$\text{CR}_{i,j,k} = \frac{\sum_{s=1}^{m_i} C_{i,j,k,s}}{m_i} \tag{2-2}$$

式中：$\text{Community}_{i,s}$ 为街道办 i 内的小区 s；$C_{i,j,k,s}$ 为 $\text{Community}_{i,s}$ 对应的生活圈内是否存在住区物质循环公共服务设施 $F_{j,k}$，存在即表示被覆盖；$CR_{i,j,k}$ 为第 i 个街道的住区物质循环公共服务设施 $F_{j,k}$ 的覆盖率；m_i 为街道办内的小区数量。

（2）人口协调指数

住区物质循环公共服务设施配置不仅要满足住区生活圈的等级要求，在空间配置上也要和人口相适应，在满足基本需求的情况下，提供更多样、个性化的服务。因此构建人口协调指数，检测不同街道办设施数量与常住人口的匹配情况，与街道设施覆盖率进行对比可衡量设施在各街道办的数量配置是否合理，如以下公式所示。

$$\text{index}_{i,j,k} = \frac{F_{i,j,k} \Big/ \sum_i F_{i,j,k}}{\text{Population}_i \Big/ \sum_i \text{Population}_i} \tag{2-3}$$

$$\text{index}_i = \sum_{k=1}^{n_j} w_{j,k} \, \text{index}_{i,j,k} \tag{2-4}$$

式中：$F_{i,j,k}$ 为街道办 i 在第 j 分钟生活圈内的第 k 类住区物质循环公共服务设施的数量；Population_i 为街道办 i 的常住人口数；$\text{index}_{i,j,k}$ 为街道办 i 在第 j 分钟生活圈内的第 k 类住区物质循环公共服务设施的人口协调指数，当 $\text{index}_{i,j,k} > 1$ 时，表示街道办 i 在第 j 分钟生活圈内的第 k 类住区物质循环公共服务设施配置在数量上有优势，反之则存在劣势，数值过高也可能存在设施分布过多的问题；n_j 为第 j 级生活圈中包含的小类数目；$w_{j,k}$ 为第 j 分钟生活圈第 k 类的POI权重，满足 $\sum_{k=1}^{n_j} w_{j,k} = 1$；$\text{index}_i$ 为街道办 i "住区生活圈"发展协调指数，是对各项社区物质循环服务设施的加权求和。

将设施覆盖率与人口协调指数进行对比，若设施覆盖率低，人口协调指数高，说明街道内设施布局不均，不合理；若设施覆盖率高，人口协调指数低，则说明设施布置数量过少。

（3）物质循环里程

可通过测算物质流动过程中每一阶段的运输里程，即生产、加工、分配、消费、回收设施之间的位置及距离，来衡量每个阶段的物质流动是否合理高效，整个流动链条是否能够形成小尺度的循环体系（图2-10）。

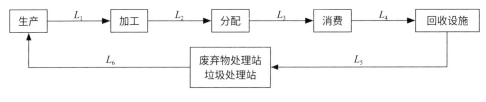

图 2-10　物质循环里程

2.2.2　设施现状分析

1. 样本区域选取与数据库构建

本书以天津市中心城区为例探讨住区生产性循环服务的现状与布局优化方法。天津作为华北地区区域中心城市之一，其城市住区空间发展的经验和问题也能反映当前与未来一段时间中国城市社区发展的现实情况。天津市中心城区是全市人口和城镇建设最密集的地区，对其进行研究具有代表性和典型性，也具有较强的现实意义。

研究所采集的数据主要包括天津市市内六区及街道行政区域数据、城市道路数据、2019 年天津市中心城区小区相关数据、截至 2019 年的天津市中心城区 POI 数据、第六次全国人口普查数据等。数据来源与获取方式如表 2-6 所示。将数据导入 ArcGIS 软件平台，构建天津市中心城区空间与属性数据库（图 2-11 和图 2-12），以及地理信息数据库。在此基础上运用评估指标对天津市中心城区服务设施的空间布局进行分析研究。

表 2-6　数据来源与获取方式

数据内容	数据类型	数据来源	获取方式
市内六区行政区域数据	各端点经纬度坐标（浮点型）	百度地图	百度地图 API Python 网络爬虫
街道行政区域数据	JPG 图片	天津市分街乡镇行政区划图	网络搜集
城市道路数据	各端点经纬度坐标（浮点型）	四维图新数字地图	联系专业单位获取
小区数据	经纬度坐标（浮点型）	房天下网站	Python 网络爬虫
POI 数据	经纬度坐标（浮点型）	高德地图	高德地图 API Python 网络爬虫
第六次全国人口普查数据	Excel 文件格式	国家统计局	网络搜集

图 2-11 天津市中心城区 POI 数据

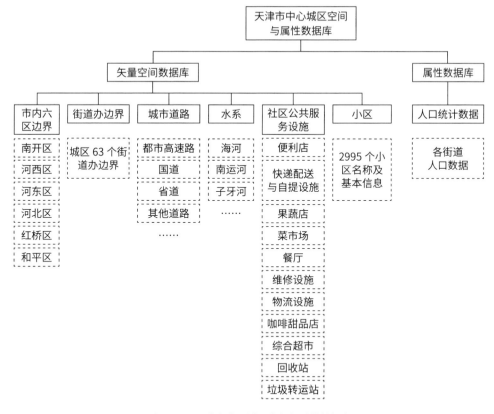

图 2-12 天津市中心城区空间与属性数据库

2. 设施现状分析方法

为分析设施覆盖率，运用服务区分析，以爬取到的小区点为起点，模拟居民沿道路网络行走的真实路径，根据不同时间成本下覆盖面内的设施点的类型及数量情况来分析住区物质循环公共服务设施的可获取性与布局情况。运用 OD 成本矩阵分析可计算物质循环里程。

（1）设施覆盖率

从表 2-7 的"各小区设施覆盖数量"可看到从每个小区出发步行相应时间所能获得的设施数量，红色的点表示相应步行时间内不能到达该项设施，即该小区未被设施覆盖。可见，快递配送与自提设施、菜市场、维修设施、综合超市的覆盖水平较低；便利店、餐厅、邮政物流设施覆盖水平较高。从"各街道设施覆盖率"可见，劝业场街道、望海楼街道、大营门街道、南市街道设施总体配置良好；柳林街道、向阳楼街道、唐家口街道、水上公园街道设施配置水平较差，5 分钟、10 分钟、15 分钟覆盖率均低于平均水平。

表 2-7　各小区和各街道设施覆盖情况

设施	各小区设施覆盖数量	各街道设施覆盖率
便利店		
果蔬店		

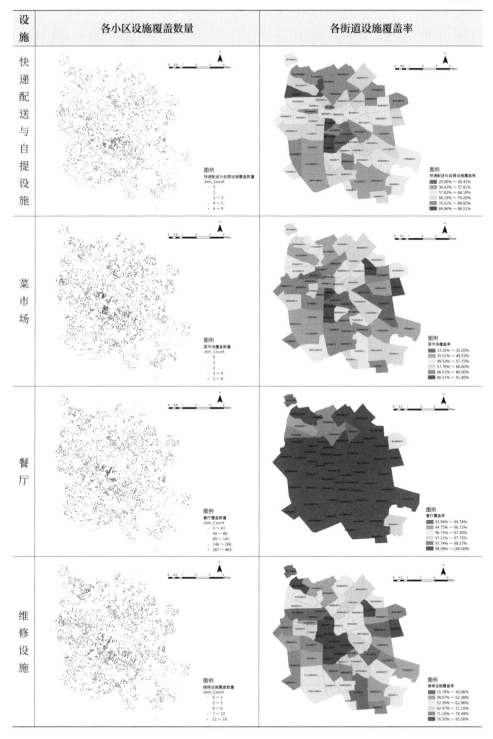

设施	各小区设施覆盖数量	各街道设施覆盖率
快递配送与自提设施		
菜市场		
餐厅		
维修设施		

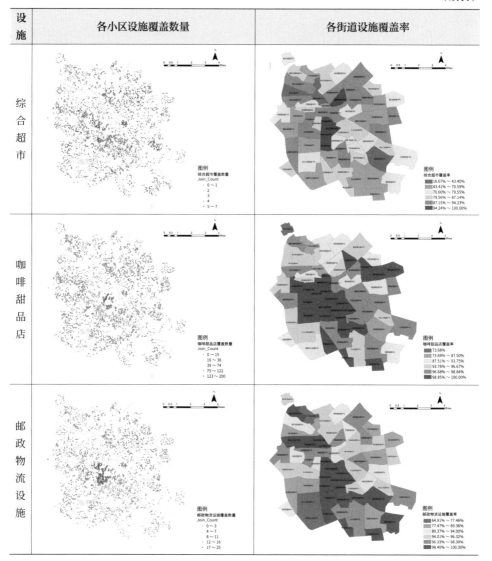

设施	各小区设施覆盖数量	各街道设施覆盖率
综合超市		
咖啡甜品店		
邮政物流设施		

（2）人口协调指数

人口协调指数反映了城市中设施的整体分布情况和街道中设施的配置情况。一些街道人口协调指数较低，说明该街道设施配置可能相对不足，如东海街道和柳林街道，各项人口协调指数均在 1 之下。结合设施覆盖率一起分析，一些街道设施覆盖率相对较高，但是人口协调指数较低，说明街道内部设施能满足居民基本需求，但由于数量上的不足，可能不能满足居民更多个性化的需求；一些街道设施覆盖率较低，但人口协调指数较高，说明街道内可能存在设施布局不均的情况，设施在街道内布局较为集中，导致部分地区无法被覆盖（表2-8），如陈塘庄街道的菜市场设施。

表2-8 设施覆盖率与人口协调指数

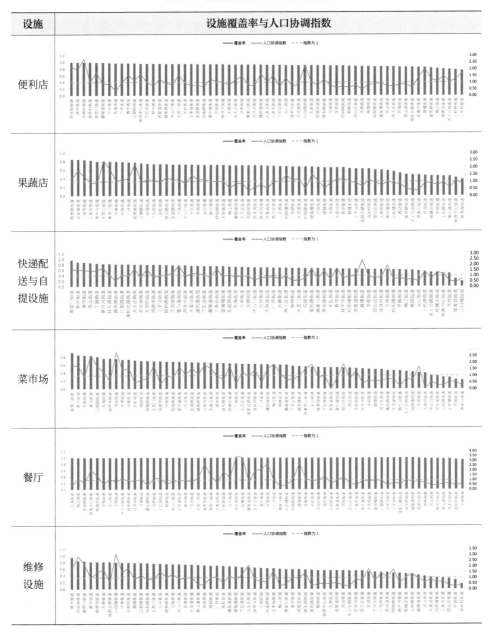

设施	设施覆盖率与人口协调指数
综合超市	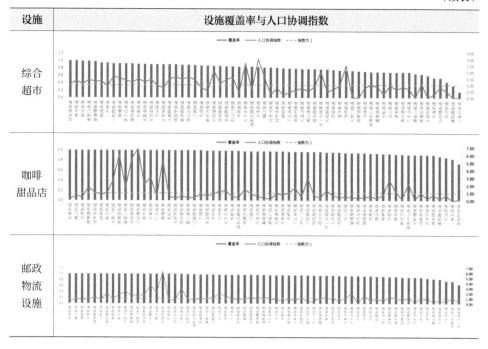
咖啡甜品店	
邮政物流设施	

（3）物质循环里程

运用 OD 成本矩阵计算各设施到最近设施点的里程，从而得到各个阶段的平均运输里程，需要注意的是 OD 成本矩阵计算的是从各起始点出发按真实路网行驶到目的地的最小成本路径，虽然求解程序不输出沿路网行走的路线，输出的 shape 类型为直线，但是属性表中的值反映的是网络距离，而不是直线距离。分析发现当前城市住区尚未形成闭合的物质资源再利用循环体系且存在诸多问题，主要问题如下。

① 生产分配环节

生产与消费分离情况较严重。天津市农产品主要来自河北、山东、内蒙古、辽宁等绿色蔬菜种植基地[3]，生产与消费的两地分离不仅造成了较长的食物运输里程，也造成了流通过程损耗较大、流通成本较高等多种问题。当前四个主要蔬菜批发市场均在市内六区外部，造成市内越靠近中心的地区配送里程越长，最长配送里程达 10 km（图 2-13a），且分配路线重叠，这加剧了城市道路拥堵，造成资源利用率低、配送效率低等问题。

对于快递的分配，为提高配送效率，住区中开始广泛设置快递自提设施。以往快递上门的服务导致快递配送设施存在服务范围小、分布多且密集的问题。随着快递自提设施的普及，配送效率实现了显著提升，过多的配送设施反而造成了资源严重浪费与配送路线的重复，如图 2-13b 所示，根据爬取的 POI 数据，目前市内六区快递配送设施的数量与自提设施的数量接近 1∶1。

此外，果蔬设施分配不均，导致设施服务范围超出居民步行容忍范围，不利于物质快速高效地流入消费者手中（图 2-13c）。

② 维修环节

随着社会生产力的提升，人们的生活方式、消费需求的转变，以及城市更新、市容管理的需要，维修站点没有正规的地方，受到城市空间的排斥，数量也在不断减少。传统维修站点的消失给居民的日常生活带来了不便，并且物品的闲置也造成了资源浪费的现象，通过图 2-13d 计算，维修站点的最长里程达 2717 m，远远超出了步行容忍距离。

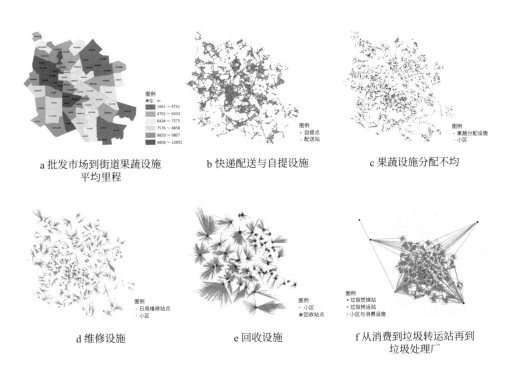

a 批发市场到街道果蔬设施平均里程

b 快递配送与自提设施

c 果蔬设施分配不均

d 维修设施

e 回收设施

f 从消费到垃圾转运站再到垃圾处理厂

图 2-13　物质循环里程相关分析

③ 回收环节

从物质循环流动的角度看，可回收资源的回收再利用是重中之重。但是目前住区内无再生资源回收点，较大型回收站点分布不均，没有建立完备的资源回收体系，使产品循环再利用效率低，如图 2-13e 所示；未进行垃圾分类回收，致使一些可在住区层级内部解决的垃圾（如厨余垃圾）被运到了更远的郊外垃圾处理厂进行处理，增加了运输里程，产生了不必要的资源浪费现象，如图 2-13f 所示。

2.2.3　设施布局优化策略

针对以上三项评估指标，分别探讨其布局优化的策略方法，并选取典型街道进行应用。由于目前城市中尚未形成分布式、小尺度的循环系统，因此将设施覆盖率与人口协调指数作为筛选指标，筛选出设施配置较差的街道并结合优化策略进行优化，提升设施服务水平，形成分布式、小尺度的循环系统。

将 5 分钟、10 分钟、15 分钟生活圈内各项设施的覆盖率（完全达标小区占街道内小区数量的比例）进行叠加计算，并结合人口协调指数，筛选出设施布局相对较差的街道作为典型住区进行分析。天津市中心城区各街道设施覆盖率与人口协调指数如图 2-14 所示，由图可见向阳楼街道上述两项指标均表现较差，因此选取该街道作为研究对象。

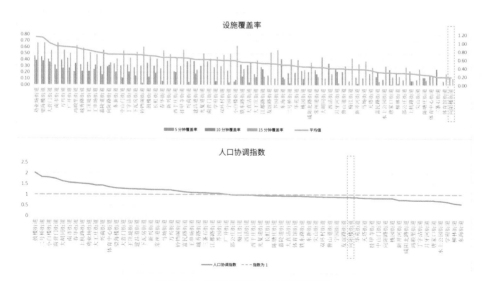

图 2-14　设施覆盖率与人口协调指数

向阳楼街道位于天津市河东区，内辖 16 个社区居委会，44 个小区，根据 2010 年人口普查数据，街道内常住人口 80 678 人，三级生活圈内相关设施覆盖率及人口协调指数如表 2-9 所示。街道内快递自提设施覆盖率相对较低，但人口协调指数满足人均水平，这与该项设施还未完全推广普及有关；果蔬店覆盖率也相对较低；便利店的覆盖率与人口协调指数相对较好；菜市场和综合超市的设施覆盖率与人口协调指数都非常低，亟待完善；餐厅和咖啡甜品店基本实现小区的全覆盖，但是由于街道内部没有大型的商圈，所以人口协调指数相对较低。

表 2-9　向阳楼街道相关设施覆盖率及人口协调指数

生活圈层	设施名称	设施覆盖率	人口协调指数	街道基本概况
5 分钟	快递配送与自提设施	48%	1.24	
	果蔬店	63%	1.30	
	便利店	90%	0.90	
10 分钟	菜市场	10%	0.24	
	餐厅	100%	0.53	
	维修设施	58.3%	0.87	
15 分钟	综合超市	18.7%	0	
	咖啡甜品店	93.7%	0.41	
	邮政物流设施	93.7%	1.32	

1. 提升设施覆盖率与人口协调指数

（1）设施共享的布局策略

对于使用频率较高的设施来说，在步行容忍时间范围内，使其能够被更多的居民、更多的住区共同使用，在一定程度上实现共享，可以提高设施的服务效率。通过 POI 数据分析，我们发现：该街道内便利店覆盖良好；果蔬店作为 5 分钟生活圈内的基本设施并不能完全覆盖所有小区；街道内部只有 1 家菜市场（且位于街道的东南部，运用服务区分析可知，从菜市场出发步行 10 分钟范围内覆盖的小区较少，完全不能满足街道内部需求）；没有综合超市，给居民的日常生活带来了不便。运用 ArcGIS 软件中的新建位置分配工具，对果蔬店、菜市场、综合超市进行初步选址。

① 最大化覆盖范围模型

对位于 5 分钟生活圈内的果蔬店来说，其服务范围是小区内部及周边，人口相对集中，所以以未达标小区内建筑为请求点，在小区内部及周边构建等距网格点作为设施备选点，运用 Network Analyst 中的新建位置分配工具，将阻抗时间设为 5 分钟（即从设施备选点出发步行 5 分钟的范围），算出能够最大化覆盖小区居民楼的设施点，将其作为果蔬店的最佳位置。果蔬店选址范围如图 2-15 所示，选址结果及覆盖面积如图 2-16 所示。通过计算得出，若新增 6 个果蔬店，则可将覆盖率提升至 91%，人口协调指数提升至 1.51。

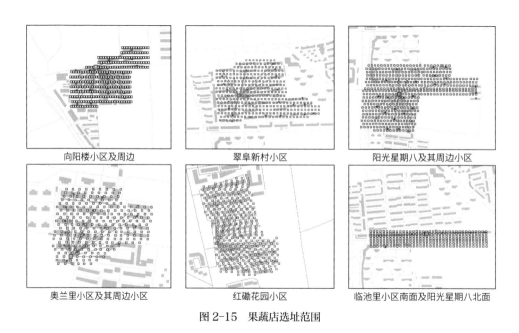

向阳楼小区及周边   翠阜新村小区   阳光星期八及其周边小区

奥兰里小区及其周边小区   红磡花园小区   临池里小区南面及阳光星期八北面

图 2-15   果蔬店选址范围

② 最大化人流模型

对于较大范围、居民分布较不均匀的区域，选用该模型。该模型表示在服务范围内人口越多的住区（图 2-17 中的住区 A）对设施的需求越强，设施选址就应离其越近。即在保证住区 B 的居民到达设施的步行时间在容忍范围内的情况下，设施无限靠近住区 A 设置[4]。

选址方法：筛选生活性街道，沿生活性道路构建 50 米道路缓冲区，将基于渔网工具（fishnet）在缓冲区内构建的采样点作为设施备选点，运用新建位置分配工具下

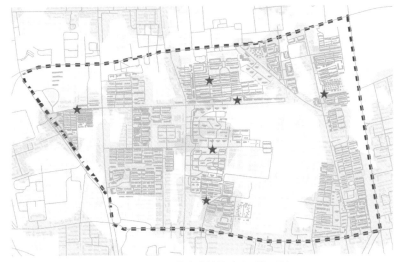

图 2-16 果蔬店选址结果及覆盖面积

图 2-17 菜市场选点示意图

的最大化人流量分析模型，将各小区作为请求点，小区人口作为权重值（运用爬取到的小区相关信息中的房屋总户数结合街道办的人口数据推算每户的平均人口数），已有设施（街道内已有菜市场或超市）为已选项，根据街道人口数量确定街道内部应有的设施数量，减去已有设施，即为所需设施的数量；根据设施所在生活圈层，将阻抗时间设置为 10 分钟或者 15 分钟，可测算出基于人口的设施最佳选点。

案例应用：根据《城市居住区规划设计标准》（GB 50180—2018）相关指标，该街道由 3 ～ 4 个 10 分钟生活圈和 1 ～ 2 个 15 分钟生活圈组成，所以可设置 4 个菜市场、2 个综合超市。将各小区人口数据输入模型中进行计算，确定选点，改造后新增 3 座菜市场（已有 1 座），可将设施覆盖率提升至 75%，人口协调指数提升至 1.43；新增 2 家综合超市，可将设施覆盖率提升至 65%，人口协调指数提升至 0.95。

（2）功能混合的布局策略

① 功能混合的生活圈层次体系

对于同一生活圈层级内的不同设施，以居民最大化共享的方式来布置设施会出现选址重合的现象，如便利店与果蔬店选址重合，菜市场与综合超市选址重合。因此，可将5分钟生活圈内的果蔬店、便利店和快递配送与自提设施集中布置，作为住区中心，在满足基本需求的同时提供如维修、安装、代缴水电费、废品回收、洗衣保洁等综合服务，将多种功能整合，提高居民的出行效率。在10分钟、15分钟生活圈内，将菜市场、综合超市、餐饮休闲设施集中布置，形成更高等级的多层次的住区中心，来满足更多人群的多元需求。即根据设施服务的人口规模设置服务于不同尺度的功能混合的小型住区中心（图2-18）。

② 流动性、模块化设施植入

可在街道中设置农夫市集，农夫市集上的食物都是周边地区农户亲手栽种的应季食物，农户亲自售卖产品，可减去中间第二次参与者的流通环节，保障了食物的

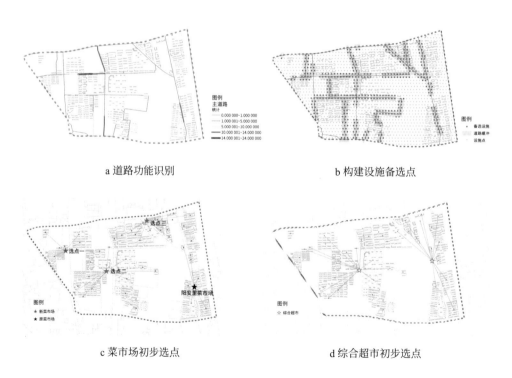

a 道路功能识别　　　　　　　　　　　b 构建设施备选点

c 菜市场初步选点　　　　　　　　　　d 综合超市初步选点

图2-18　菜市场、综合超市选址

完整度和安全（图 2-19a）。还可在住区内设置模块化的设施，如自动售卖机。如图 2-19b 为上海某小区内的蔬菜售卖机，结合住区中心人流密集的地方集中布置售卖机，可为居民提供更为便捷的服务。

a 农夫市集   b 蔬菜售卖机

图 2-19　流动性、模块化设施植入

2. 缩短物质循环里程

（1）生产与加工制造空间整合

① 闲置空地整合

将住区周边闲置用地用于农业生产，既可以服务住区居民，又可以帮助政府对土地进行清理，当政府需要开发时再将其归还政府，实现土地的全效利用。将收获的蔬菜就近送往周边菜市场、果蔬店或住区厨房进行初步加工，出售给住区居民，居民产生的厨余垃圾服务于住区农场，可实现小尺度的循环。同时探索这些设施的空间生产策略（屋顶种植、光伏等），使其既为生产活动提供服务，又能创造生产价值（图 2-20 和图 2-21）。

通过调研，发现街道内部有四块荒废了 6 年以上的闲置空地，总面积达 21.6 km²。根据《2023 中国农村统计年鉴》，2022 年天津蔬菜播种面积为 55 500 ha，总产量为 2 564 000 t，单位面积蔬菜年产量约为 4.62 kg/ m²，以单位面积蔬菜年产量乘面积获得生产潜力值。同时根据《中国居民膳食指南（2022）》，取人均每天蔬菜摄入量的下限 300 g，即年人均蔬菜消费量下限为 109.5 kg，乘街道内

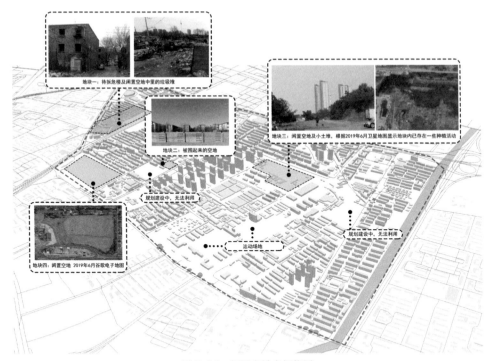

图 2-20　闲置空地空间位置

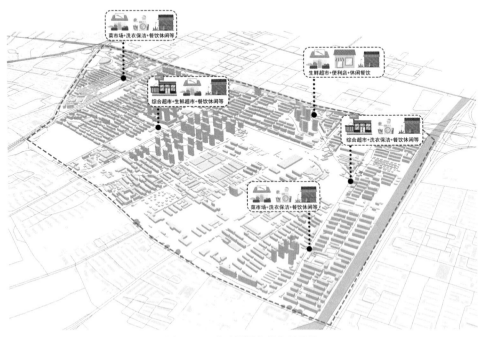

图 2-21　多功能混合的布局策略

常住人口数得到消费量，进而得到：若将闲置用地用于生产，可实现 11% 的蔬菜自给。同时，在调研过程中，发现小区中还有许多自发种植行为，如果再发掘屋顶种植的潜力，并且采用大棚等更高效的种植手段，还可以进一步提高蔬菜产量，住区自产潜力巨大。

② 加工制造空间

菜市场、生鲜超市、果蔬售卖点设置食品初加工制造作坊，对果蔬等食品进行初步加工处理，并售卖给住区居民；结合维修或回收设施布置小型家具制造坊，对回收的旧家具进行翻新或拆解再利用，在街道内部实现物质的循环利用，并为居民提供个性化的家具制作服务。

科技的进一步发展，3D 打印等新型制造方式的成熟，使得在街道内进行小规模生产制造成为可能，废弃的回收品也可作为打印材料，实现废弃物的循环再利用。未来小型 3D 打印制造坊可能会成为住区物质循环公共服务设施的一部分，在街道内实现部分生活日用品的生产、分配、销售、回收再利用，实现本地化、分布式的生产消费循环策略，缩短运输里程，减少产品整个生命周期的碳足迹。

（2）分配设施——共同配送的物流体系

共同配送旨在通过配送活动的规模化来降低配送成本，进而提高物流资源的利用率。

① 零售物流

住区周边的便利店、果蔬店、餐厅多是自发个体行为，一般是自行进货或批发商送货模式，无法形成经济配送的规模。可将街道内部小型零售商联合形成共同配送的运作模式，共享配送网络，建立统一的信息平台进行调配，以达到降低总配送成本的目的。在整合形成共同配送网络时，可以结合不同行业的配送优势，形成跨行业的共同配送模式。

② 快递配送与自提设施

相对于以往的快递到家服务，越来越多的住区设置了菜鸟驿站等快递自提设施，以提高配送效率，使居民取件时间更为自由。但是现阶段快递自提设施还未完全普及，自提设施周边几百米的范围内分布了多家不同公司的快递站点，这造成了资源的浪费现象。所以在推进 5 分钟自提设施配置的同时，可通过收购、合并、整合现有的街道内配送站点，建立街道共同配送站点，将快递送往各住区自提设施，以降低配送成本，提高配送效率和服务水平（图 2-22）。

选址方法：首先将各小区自提设施进行补足，然后将街道内现有配送设施作为设施备选点；运用 OD 成本矩阵分析计算得出距离各小区自提设施最近的设施点，作为共同配送站点（图 2-23）；进而规划最优配送路线，根据快递数量合理安排配

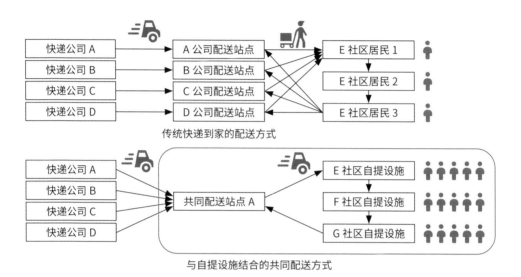

图 2-22　传统配送与共同配送对比

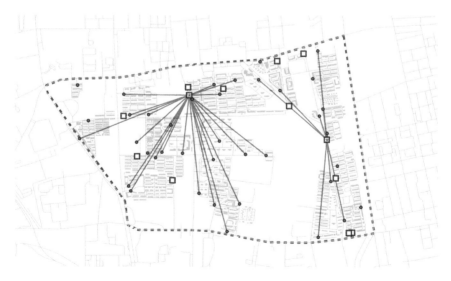

图 2-23　共同配送站点选取

送车辆、配送时间、配送次数等。同时可通过菜鸟驿站与居民合作，构建快递包装逆向物流回收网络，通过奖励机制激励居民将快递包装送到菜鸟驿站，或通过共同配送站点的车辆在配送快递时统一回收，实现快递包装的循环再利用。

效果验证：假定所有小区都有货物需要进行配送。运用 GIS 车辆配送分析（VRP）可知，每家快递公司在街道内部进行 1 次快递配送，里程约为 20.5 km，那么 10 家公司均在街道进行一次全程配送需要 205 km 配送里程，现阶段基本都是通过快递小三轮车进行配送，三轮车装载货物少，需要多次往返快递配送站点，因此真实的配送里程比计算值要大。而运用共同配送模式建立共同配送中心，由专业车辆进行统一配送，进行一次全程配送只需要运输 21.7 km，极大缩短了运输里程，且运输路线明确，无重复交叠，根据配送地点规划最近路线，及时配送，极大提高了配送效率。

（3）维修设施

为散落在城市街道各处的修锁摊、修鞋摊等谋得一席之地，使其拥有正规的空间，不再受市容整治等活动的困扰，不仅让传统手工匠人的手艺得以延续，也为居民的日常生活提供便利。可结合功能混合与设施共享的策略，在住区中心为有专门手艺的师傅提供固定的摊位，其修锁、修鞋、换拉链、扦裤边、维修家电等服务可满足居民基本的维修需求，且周边大部分居民步行 10 分钟即可到达维修站点。此外，坏掉、闲置的物品再次被循环利用起来，可减少资源的浪费。通过整合维修设施，将设施覆盖率提升至 84%，人口协调指数提升至 1.07，使设施布局更加均匀公平。

（4）回收设施

首先要建立完善的垃圾回收体系，在小区投放源头内设置分类回收设施。根据居民投放垃圾的习惯，可将低价值的可回收垃圾与垃圾投放容器结合布置，如垃圾分类回收箱、再生资源智能回收箱等，并派专业人员定时监督投放；对于高价值的废品，如废旧家具、家电等，可在小区内布置一个或一个以上的废品交售站点，面积在 4 ～ 10 ㎡ 即可，与垃圾分类回收点或便民服务设施结合布置，方便收集管理与交售。在投放源头实现垃圾干湿分离，小区内部厨余垃圾可通过堆肥等方式为闲置空地农业种植提供养分；对街道垃圾站进行改造升级，或新建垃圾站对街道餐馆垃圾、居民厨余垃圾进行就地处理。减少垃圾清运量，缓解终端处理压力，当住区街道层级无法处理时再运往城市郊区进行无害化焚烧处理，最后填埋（图 2-24a）。

各地可根据实际情况，推动环卫清运和回收物流运输资源的融合，共享运输网络；采取新建、改造、租赁、合作等多种方式，结合垃圾转运站建立再生资源中转站进行初步分拣处理，再将其运往加工处理中心。打造再生资源应收尽收的聚集渠道，尽量实现再生资源回收体系与城市垃圾清运体系的"两网融合"（图2-24b）。

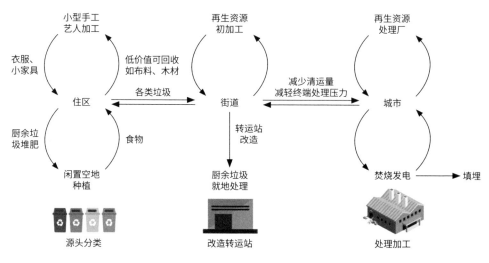

a 分布式处理布局模式

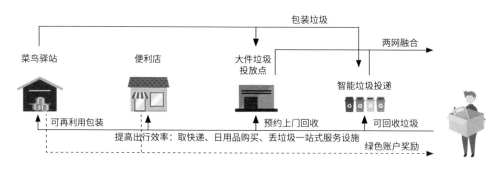

b 再生资源回收设施布局

图 2-24　垃圾分布式处理与再生资源"两网融合"体系

据统计，天津市 2017 年生活垃圾日产量达 1.33 万吨，人均日产量达 0.85 kg [5]。中心城区生活垃圾中以餐厨成分居多，约占 65%，其中有机成分约占 80% [6]，相当于每人每天产生餐厨有机垃圾 0.44 kg。其余有机垃圾（如纸类）约占生活垃圾的 11%，相当于每人每天产生其他有机垃圾 0.094 kg。合计每人每天产生有机垃圾 0.534 kg，约占生活垃圾总量的 63%。

利用上述数据计算得出向阳楼街道内部日产垃圾量约为 68.58 t，其中有机垃圾约为 43 t。在日产垃圾超过 4000 kg 的晨光楼、翠阜新村、东局子、临池里、阳新里、阳光星期八南苑和北苑住区试点设置小型湿垃圾处理机（结合人均垃圾量与小区人口数量得到建议配置湿垃圾就地处理装置的小区）[7]，做到小区有机垃圾就地解决，处理站的出料可作为有机肥用于社区农园。其他住区湿垃圾可在升级改造后的垃圾转运站进行处理或通过堆肥的方式直接为社区农园提供养分。

3. 案例街道改造后评估

（1）设施覆盖率与人口协调指数

设施改造前后的设施覆盖率和人口协调指数对比见表 2-10。

（2）物质循环里程

① 食物流

生产 – 分配环节：充分利用闲置空地至少可实现街道内部 11% 的蔬菜自足，缩

表 2-10 设施改造前后的设施覆盖率和人口协调指数对比

设施类型	改造前后	设施覆盖率	人口协调指数
果蔬店	改造前	63%	1.3
	改造后	91%	1.51
菜市场	改造前	10%	0.24
	改造后	75%	1.43
维修设施	改造前	58%	0.87
	改造后	84%	1.07
综合超市	改造前	18.7%	0
	改造后	65%	0.95
快递配送与自提设施	改造前	48%	—
	改造后	100%	—

短运输里程 449 km（产地到批发市场的平均里程为 443 km，批发市场到向阳楼街道果蔬店的平均里程为 6 km），年均减少 24 t 碳排放。在配送环节采用共同配送的模式每天可缩短 256.8 km 的运输里程，年均减少 119 t 碳排放。

分配－消费环节：调整前街道内分配消费最长里程为 1182 m，超过了 15 分钟步行距离；平均里程为 332 m，也超过了 5 分钟步行范围。改造后平均里程为 167 m，步行不到 3 分钟即可到达果蔬店。这能够鼓励更多的居民低碳出行。

消费－回收环节：小区内餐厨垃圾就地、就近解决，避免了街道内 60% 的垃圾通过转运站再运往垃圾处理厂的里程，日均约减少运输里程 16 km（表 2-11）。

表 2-11　食物流改造前后对比

	生产批发	批发分配 （路径优化）	分配－消费	消费－回收
改造前	443 km	自行采买 327.6 km	最长 1182 m 平均 332 m	16 km
改造后	住区自产 11%	共同配送 70.8 km	最长 593 m 平均 167 m	60% 的餐厨垃圾就地解决，形成小范围循环

② 日用品流

消费－维修环节：消费维修平均里程由 553 m 变为 380 m，不仅里程得到缩短，设施布局也得到了更好的改善，变得更为均匀，使街道内部居民都能更公平地享有维修设施。

消费－再生资源回收环节－生产环节：改造后在小区内投放再生资源回收箱，设置大件物品回收站点，对再生资源统一进行回收，与垃圾清运体系结合，依靠专业运输车辆将其送往街道内的再生资源初步分拣及初加工中心，能够直接再利用的资源可直接送往街道内部的小型加工制造厂，不能进一步处理的资源再送往上一级的再生资源处理厂进行处理（表 2-12）。

表 2-12　日用品流改造前后对比

	生产－分配	分配－消费（路径优化）	消费－维修	消费－回收（布局、路径优化）
改造前	外部供给（全球范围）	—	平均 553 m	● 非专业人员上门回收，送到较远的回收站，回收站再卖给资源回收厂 ● 环节多、回收效率低、运输里程长
改造后	未来发展中小型制造业（本地生产）	共同配送，缩短运输里程	平均 380 m 布局更均匀 功能更完善	● 小区内设回收站点，专业车辆统一规划线路，将再生资源收集送往街道内回收分拣加工厂 ● 效率高，运输里程短，形成分布式处理，小范围循环

③ 快递流

生产－分配环节：在向阳楼街道采取共同配送的模式，完成一次全街道的配送至少可减少 183 km 的配送距离，避免配送体系的交叠重复，缓解交通压力。

分配－消费环节：在每个小区内部设置快递自提柜或菜鸟驿站等快递自提设施，方便取件、配送（表 2-13）。

改造后物质流动情况与住区物质循环公共服务设施布局情况如图 2-25 和图 2-26所示。

表 2-13　快递流改造前后对比

	生产－分配	分配－消费	消费－回收
改造前	● 外部供给（全球范围） ● 配送站点过多，配送路线混乱，配送里程较长 ● 街道运输环节单程 205 km	自提设施布局不完善，部分上门，部分自取，配送路线混乱、配送效率低	● 非专业人员上门回收，送到较远的回收站，回收站再卖给资源回收厂 ● 环节多、回收效率低、运输里程长
改造后	● 发展中小型制造业 ● 尽量减少配送物流，设置共同配送中心，分级配送，规划路线 ● 街道运输环节单程 21.7 km	完善自提设施，根据小区规模配置自提设施，方便居民与配送人员	● 小区内设回收站点，专业车辆统一规划路线，将再生资源收集送往街道内回收分拣加工厂 ● 效率高，运输里程短，形成分布式处理，小范围循环

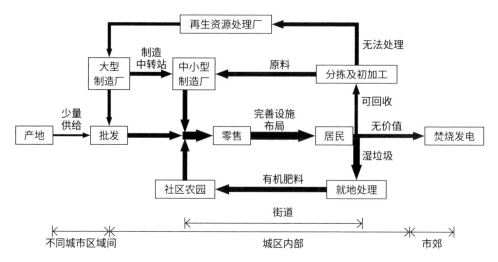

图 2-25　改造后物质流动示意图

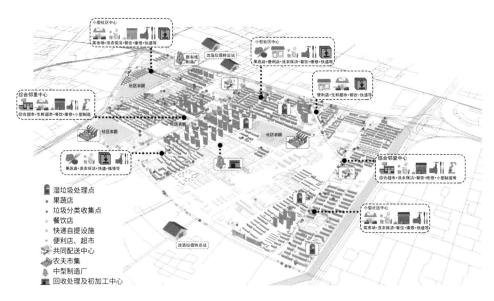

图 2-26　改造后住区物质循环公共服务设施布局示意图

3

社会关系重构
与生活方式重塑策略

在社会支持方面，涉及政策、机制，以及基于社会因素的设计策略三个方面。政策研究以国家 / 城市相关机构为主体，而机制适用于具体的住区更新项目。

3.1　制度保障——渐进的城市更新管理制度与运行模式

西班牙巴塞罗那具有较为完备的城市生产性更新政策框架和前瞻性的战略计划，对我国城市生产性更新的政策制定具有启示意义。早在 20 世纪 90 年代，巴塞罗那作为欧洲先锋先后开展了城市农业种植项目和太阳热能普及工作。同时，政府在治理过程中时刻秉持"可持续"和"协作"的治理观念，并通过一系列政策和管理手段将其融入更新建设中。巴塞罗那通过几十年的渗透，使得公众对组织意识和城市内部的资源生产活动也积累了深厚的信任，对本地生产的意识日益增强，在很大程度上提升了城市治理的应变能力及实现效率。特别是在 21 世纪，城市农业与能源生产进入深入发展阶段，巴塞罗那在法规、政策、教育和公众参与等方面大力推动资源生产实践和治理，探索并形成一整套成熟高效的城市空间资源生产办法，能够为我国进行城市空间资源生产提供有益经验。总之，巴塞罗那城市生产性更新政策理念创新，涵盖内容多元化，可实施性和落地性较强，具有良好的示范意义。

3.1.1　对生产性更新政策法规的经验提取

1. 政策法规的层级

城市生产性更新在具体实施的过程中需要相关法律法规和政策条例作为保障，以确保更新实践过程的组织管理、规划设计、资金筹措等工作能够真实落地。巴塞罗那城市生产性更新政策涉及可持续发展、绿地与开放空间系统、食物安全、能源结构、基础设施、住区管理等方面。

欧洲地区遵循欧盟框架下的法规条例，欧盟的城市更新政策是各区域和地方政府城市规划的重要纲领。对于没有自己国家层面政策的成员国，欧盟城市更新政策即具体的行动指南，用于解决自身更新过程中遇到的问题。对于如西班牙这样自主性较强的国家来说，国家和地区层面的政策框架较为完善，则欧盟政策多为指导性方向，区域法规政策成为规范更新活动的重要约束。

西班牙的加泰罗尼亚自治区和巴塞罗那市都有不同层级的关于城市生产性更新的规划政策，并有相应政府机构作出针对性执行与反馈。西班牙国家政府或加泰罗尼亚自治区政府颁布的政策落实到地区层面后，巴塞罗那市政府将作出配合或回应（如巴塞罗那 2006 年版《太阳热能条例》，就是西班牙国家法规执行后的地区法规细化）。西班牙近代历史和政治因素等原因使其国家层面法规政策发展受限，不同层级政府间缺乏合作，国家政策推广受阻[1]。因此，西班牙国内不同地区（自治区和城市）在制定城市更新法规政策方面具有相当大的权力，中央政府的宏观调控和国家干预难以真正解决城市本土遇到的问题。巴塞罗那市政府依然保有独立自主的立法权，可通过市政府直接确立城市政策，为城市生产性更新提供了指导方法和资金框架（如《绿色基础设施及生物多样性规划 2020》《巴塞罗那太阳能发电推广计划》和《住区法 2004》）。相比国家、自治区和省等更高层级，城市层级的生产性更新政策法规具备精准性和有效性特征，能够准确识别城市问题、清晰锁定目标受众、高效分析活动群体背后的利益关系。

2. 政策工具运用

借鉴罗斯韦尔（Roy Rothwell）等构造的政策工具研究方法[2]，将城市生产性更新活动所涉及的政策工具分为供给面、需求面和环境面三大类。其中，供给面政策工具指政府通过提供城市生产性更新所需要素促进更新活动发展，包括技术知识、人才培养、基础建设和信息服务等；需求面政策工具指政府通过关注城市生产性更新活动需求对其产生鼓励和刺激作用，包括政府采购、贸易管制、市场服务和海外交流等；环境面政策工具指政府优化生产性更新环境以间接推动更新活动的发展，包括金融支持、税收折扣、规范管制和策略措施等。

在供给面政策制定中，巴塞罗那主要侧重于技术知识和人才培养政策工具的使用，具体细则包括发展先进制造业和数字技术的高校科研项目、发展分布式无线网络、研发可持续农业与能源生产、投资学前教育和专业人员培训等。

在需求面倾向于市场服务政策工具的使用，通过城市农园和能源生产的基础设施及创新机构的建设，满足更新发展的公众需求；试图加强政府、企业、科研机构、公众各方在更新中的互动，更加客观地评估更新过程中的机遇与风险。

环境面政策制定侧重规范管制和策略措施的使用，以城市可持续发展和能源转型战略为主要导向；完善标准化、监测、跟踪评估等流程环节，消除农业和能源的行业壁垒，扩大资源生产的实际应用范围；促进政企之间的技术合作和资源利用。

巴塞罗那以软基础设施为导向的战略决策方式同样具有借鉴意义。巴塞罗那的城市生产性更新战略是以"城市人居"为导向的，涵盖生态基础设施、城市流动循环等诸多新社会经济内涵。在这种背景下，协作成为城市更新战略的关键点——巴塞罗那地方政府通过提供必要的法律框架和落脚点，为政府和社会资本合作（PPP，public-private partnership）的顺利开展营造出良好氛围；率先在利益相关方之间促进合作的同时，允许合作伙伴尽可能多地独立运作，并确保活动项目符合城市生产性更新的总体目标[3]。

3. 行动计划分类

在政策法规和战略规划制定后，生产性更新面临如何确立具体行动计划的问题。巴塞罗那通过对行动计划的统筹分类，在实施前期评估预判，以精准安排工作范围和技术人员。

对于城市绿色基础设施的生产性更新，巴塞罗那市政府在《绿色基础设施及生物多样性规划 2020》和《城市绿色基础设施刺激计划》两个文件中对用地类型、可更新区域、生产措施等内容进行了统筹分类。巴塞罗那将城市绿色基础设施分为以下主要类型：自然空间、河流和沿海地区、农业用地、林地、公园、花园、菜园、林荫街道、公共街道广场的绿色区域、住区、池塘、可持续排水系统、建筑场地、道路、绿色走廊、种植屋顶和种植墙面。其中将具有更新潜力的区域按街区、城市、地区的空间规模分为三类，并采用图示方式对典型空间更新后的场景进行描述。在巴塞罗那这样的紧凑型城市中实现快速绿色更新并不容易，因此，市政府指定多个部门共同提出了三类行动计划（增加新的绿色基础设施、改善现有绿色基础设施和提升公众对绿色基础设施的响应），统筹规划、分类讨论，为生产性更新的实施确立了详细行动计划。

在实现城市能源自给方面，巴塞罗那将目标路线分为"减消耗"和"增供应"并分阶段、按步骤实施。减消耗：在不影响城市服务的前提下降低能源消耗。已实施了市政建筑节能设施安装、节能计划制定、集中式气候控制网络建立和全电动交通路线运行等节能项目。增供应：应用可再生能源提高本地能源生产能力。目前成效显著的生产项目包括建筑屋顶光伏发电项目、城市内部小型风力发电计划、创建能源自给超级街区、公共照明计划等。除了这两条实施路线，还辅以能源公司和群众的参与，强化公众意识，共同推动这场方兴未艾的城市能源变革。

4. 战略目标分解

城市生产性更新是一个将城市全面升级的创新模式，在追求计划全面的同时，要有序推进，规划应具有可操作性。因此需要将战略整体目标进行提炼、分类、分解，实现责任分工和资本运作的落实。

从巴塞罗那城市更新历程来看，巴塞罗那没有选择"一口吃成个大胖子"，而是拆解目标，分阶段有次序地进行城市建设，从一个个小项目开始，循序渐进，进而实现最终目标。比如最具代表性的巴塞罗那智慧城市战略，掀起了一场具有自给自足理念的长期城市更新革命，这项被描述为"巴塞罗那 5.0"的战略想要回答的核心问题为"未来 30 年巴塞罗那将成为一个怎样的城市？"而且战略目标也十分明确，即打造"一个互联互通、零排放、以人为本、自给自足的生产性城市"。紧接着面临的问题就是"如何保证城市增长与可持续性之间的平衡？"为此，巴塞罗那市政府和各级城市管理机构制定了具体的战略规划和行动计划，并优先考虑符合各区域特征的更新方案。

从食物生产的《食物政策促进战略》到能源生产的《太阳热能条例》，再到如今的《绿色基础设施及生物多样性规划 2020》和巴塞罗那 5.0 战略，每一步都有针对城市绿色生产的发展措施，每一个计划都是前一个计划的扩展和延续。最终，巴塞罗那成为了"欧洲光伏覆盖率最高的城市"。

3.1.2 对生产性更新运行模式的经验提取

1. 制定：更新战略的制定程序

将巴塞罗那地方政府提出的生产性更新战略和成功案例的运行规律总结为由 5 个阶段和 16 项活动构成的程序框架（图 3-1）。此程序包括启动、规划、项目开发、监测评估和沟通 5 个阶段，以及各阶段的分项步骤，成为指导城市更新战略部署工

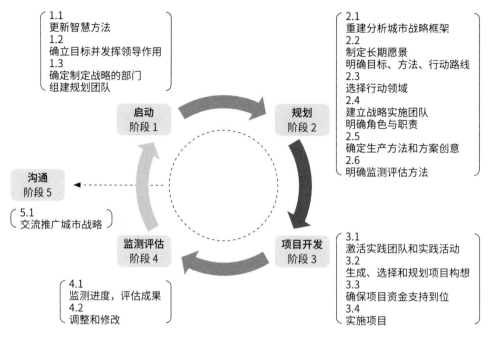

图 3-1　巴塞罗那更新战略的程序框架

作的路线图。巴塞罗那更新战略的制定程序基于对已有成果的广泛概括，可用于对我国城市未来规划的比较研究，也可作为其他地区开展城市更新活动的有效理论和概念框架。

2. 管理：高效协同的治理模式

通过考察巴塞罗那生产性更新的治理过程，从决策主体和循环流程的角度，分析其更新政策得以执行、各方利益得以平衡的治理模式。

（1）多主体决策模式

政府、非政府组织、企业和科研机构可作为巴塞罗那生产性更新治理过程的 4 个主体，其中政府和非政府组织是主要参与方。考察治理过程的多主体互动，首先要明确各主体的性质和功能。政府具有宏观调控力量并代表公众意志利益，企业追求利润水平和部分社会责任，非政府组织平衡社会权责关系并审视公益性目标，科研机构推动技术开发和资源融合，四者的互动将影响最终的决策结果（图 3-2）。其中在政府主体方面，巴塞罗那市政府负责城市层面的规划政策编制及审核，待审核通过再交由下设管理机构或区级政府发布实施。市政府和市议会是规划政策的主要

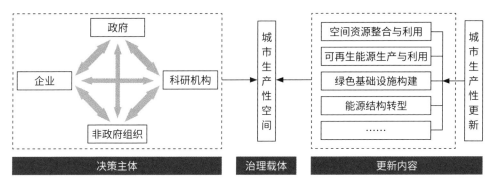

图 3-2　多主体决策模式

责任人，有权依据城市自身情况制定具有本地特征的管理办法和政策条例。但市政府受到加泰罗尼亚自治区政府和中央政府的制约，二者把控重要资源和核心设施的配给，并通过经济环境等政策对市级政府进行行为约束[4]。

巴塞罗那生产性更新的代表性主体及其工作内容如表 3-1 所示。通过生产性更新各利益方的参与、配合及监管，实现多方利益的彼此制衡，使城市建设的利益划分在各方博弈中趋向公平高效。

表 3-1　巴塞罗那生产性更新的代表性主体及其工作内容

机构名称	性质	工作内容	组织成员
城市发展局	政府	● 城市战略规划的制定 ● 城市规划和基础设施计划的发布 ● 城市大型更新转型项目的研究工作	巴塞罗那大都会区、Zona Franca 财团等
城市人居中心	政府	● 负责智慧城市和创新转型工作	无
生态规划交通部	政府	● 负责与城市公共服务相关的市政工作	城市规划研究所、地方能源署、水循环公司等
城市规划研究所	政府	● 城市管理：代表市政府开展城市管理及更新工作；审批土地征用手续 ● 城市化：受市政府委托进行城市更新项目方案起草；协调城市更新计划；管理 22@Barcelona 区域等特殊基础设施计划 ● 项目协调：负责项目横向协调工作；监督欧盟资金在城市生态项目的应用	无
地方能源署	政府	● 负责公共建筑能源自给自足的推广工作和项目管理 ● 优化本地能源的使用和管理 ● 监测可持续能源的需求增长	废物处理局、加泰罗尼亚能源研究所、加泰罗尼亚理工大学等

机构名称	性质	工作内容	组织成员
能源观象台	政府	• 监测城市的能源状况 • 收集能源信息，发布年度报告和能源资产负债表 • 规划和监督与城市能源相关的短期措施	无
巴塞罗那能源公司	企业	• 公共可再生能源公司，负责可再生能源的电力分销和能源管理	巴塞罗那市政府、巴塞罗那生态运动小组
泰莎集团	企业	• 提供可再生能源生产、循环经济、可行性评估等环境服务 • Barcelona Energia 能源公司具体工作的合作管理	TERSA、SEMESA 和 SIRESA
巴塞罗那市政基础设施公司	企业	• 管理和执行城市更新改造工作，包括公共空间改造、建筑翻新和城市基础设施建设维护	生态规划交通部
园林市政研究所	企业	• 保护和改善城市景观 • 进行公园和花园的建造维护 • 进行绿色基础设施的质量监测 • 进行园艺技术培训	巴塞罗那市政府
城市生态局	政府	• 系统性可持续性的城市管理，提供交通、能源、生态等领域的解决方案 • 为委托方提供技术可行性分析、量化评估结果、行政支持	巴塞罗那市政府、巴塞罗那理事会、巴塞罗那市议会
BIT 人居基金会	非政府组织	• 建立巴塞罗那城市创新平台和多学科治理模型 • 协调多角色参与和沟通 • 宣传城市创新行动 • 提供创新技术和人居环境教育	公民代表、科研机构、商业机构
公民可持续发展委员会	非政府组织	• 在可持续发展相关领域开展咨询活动	城市人居中心、社会团体、行业协会、科研机构、工会组织
Fab Lab 微观装配实验室	科研机构	• 提供全球联网的创客空间和小型数字制造中心 • 提供技术支持：设计、制造、测试等 • 提供生产性和数字化的教育培训	MIT、IAAC 等

（2）动态循环治理流程

巴塞罗那生产性更新的治理流程是一个不断循环的动态步骤。以要求和支持作为要素输入决策主体，经过多主体决策系统互动博弈，形成统一的更新政策输出，根据更新政策的实施效果进行反馈，形成新的要求或支持，使输出重新成为新的输入，从而完成一次治理流程的循环[5]。在现实的城市生产性更新过程中，受到外部环境及治理效果等因素影响，不同群体的诉求会不断发生变化，致使要求和支持发生改变。

决策和治理是不断修正的动态过程，策略和行动也是经过数次循环后生效。

（3）生产性更新治理模型

将多主体决策模式与动态循环治理流程相结合，得到巴塞罗那生产性更新治理模型（图3-3）。首先界定生产性更新决策实施过程中的所有利益相关者，确定决策主体结构；在面临更新问题时，向决策主体政府、非政府组织、企业和科研机构提出要求及支持；决策主体中以政府和非政府组织为主要层级，并在互动博弈后确定规划政策或行动计划；当政策或行动得到执行后，将其效果返回到提出需求的各方主体。此为一个完整的决策流程，诸如此类的流程多次循环修正，使治理不断完善适应，直至生产性更新治理单项行动结束。在实际治理过程中，政府还会将其他三方主体的意见纳入不同管理层级工作中。

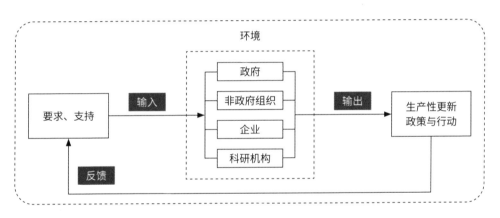

图3-3 巴塞罗那生产性更新治理模型

借助生产性更新治理模型的分析可看出，城市生产性更新应注意两个方面的高效协同：第一是决策主体的协同，即构建便捷、高效的部门沟通协作平台和机制，让地方政府部门、行政管理机构、规划师、建筑师、开发商、研究人员和社会团体等多方合作共赢，实现城市既有空间资源效益最大化。第二是治理流程的协同，即规划、评估、分析、组织、执行、管控和监督各个节点的治理过程协同。城市生产性更新治理建立在多主体协调合作的基础上，注重各层级的作用发挥和良性互动，形成高效协同的更新治理模式。随着治理决策主体的数量和互动增加，城市生产性更新的治理目标逐渐从"如何有效解决城市当前的资源问题"变为"如何在有效协调各方需求的同时，解决城市资源问题"。

3. 实施：小规模、渐进式的更新介入

前文提到巴塞罗那市针对不同更新项目特征采取的不同应对策略，而小规模渐进式更新介入一直是较为成功和值得借鉴的干预逻辑。巴塞罗那较多生产性更新实证表明，纯粹依托于范围扩张和土地经营的建设模式已难以持续，利用节点空间带动城市生产性系统才是精准且高效的更新模式。

小规模空间更新的概念在巴塞罗那早有理论及实践。西班牙建筑师曼努埃尔·德·索拉－莫拉莱斯（Manuel de Solà-Morales，1939—2012）在巴塞罗那20世纪80年代城市复兴计划中提出"城市针灸"理念，即通过城市空间"穴位"的精准干预，复兴城市衰退区域，实现整体环境机能改善[6]。延续莫拉莱斯的微更新理念，巴塞罗那在生产性更新过程中也选择小规模、渐进式的实践操作来解决大规模、整体性的空间资源问题。

巴塞罗那的小规模渐进式更新模式是相对于大范围拆除重建、统一规划建设的大规模更新模式而言的。从巴塞罗那生产性更新设计实践可观察出，这种更新方式是以实际使用者为主体，以解决使用者需求为目的，与周围地理环境和生活环境密切相关的建设活动，以及资金投入较少的政民合作改善项目。例如，市政农园网络、自给自足住区500米半径的分布式布局、生产性设施在公共开放空间的节点置入、绿色基础设施网络等实践都显现出小规模渐进式更新的工作思路（图3-4）。

这些节点式的改造调整被整合进巴塞罗那广泛的城市系统中，根据城市空间和建筑空间的小尺度、多样性等特征，对空间现状存在的复杂问题进行灵活分析，在

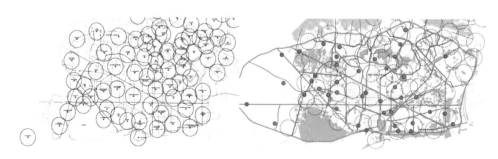

图3-4　自给自足住区分布和绿色基础设施网络规划

（图片来源：参考文献［7］）

整体自给自足和可持续发展的原则控制下，提出多样化的具体操作手法，从而实现更具综合性的城市可持续发展愿景。同时，以较小规模的生产性项目作为试点，市民的参与过程逐渐变得更加便捷友好，在很大程度上提升了公众对城市生产性更新工作的接受度和认可度。

按照"雅各布斯外部性"（Jacobs Externalities）的城市发展观点，即"城市更新的目标并不在于修饰城市环境，而是通过修复空间和功能间的断裂，建立起一种更加良好的整体关系"[8]，节点式空间更新应超越自身的形式诉求，立足城市整体性思考，进而实现城市各层面系统网络的互联和刺激效果。然而，巴塞罗那的城市生产性更新工作中会出现一种窘境：项目往往是小尺度且分散的，以及资金来源和分配之间也缺乏相应的关联性，共同造成了巴塞罗那生产性更新项目和项目之间的孤立，难以进行整体性的统筹安排。由于巴塞罗那政府拥有的自主管理权和可调配资源有限，且这种状况因紧缩性财政资金政策而变得更加明显，因此，城市生产性更新工作需要优先选择亟待改进的领域。例如在智慧城市建设项目中，巴塞罗那优先选取小型综合项目来改变城市可持续发展方向，一个个点状分布项目互联互通扩展为城市规模的创新生态系统，嵌入城市物理空间，积极改变着周边环境。渐进式更新策略以最小化干预达成空间更新的同时，更重要的是以一种成本低廉、立竿见影的方式，激发了城市空间的多样性功能，从而极大地缓解了城市生产性更新过程中的财政压力。

巴塞罗那的生产性更新案例通过一种针灸形式的小规模渐进式更新介入模式，以精准、高效、多样化和低成本的方式为城市环境可持续发展提供了实质性的解决方案。城市生产性更新工作不应局限于简单的生产效益和生态提升，而应立足于城市资源系统和空间网络，打通不同领域的生产性功能节点，进而完成对节点周边分散生产资源的整合，构建相互关联、互为补充的生产性功能网络。正如有机更新中所提倡的，当决策者和设计者把城市环境看作一个复杂而微妙的生态系统时，那些对生态平衡造成严重影响的大规模更新建设就应当规避；反之，那些小范围、循序渐进的设计方式，若能与城市新陈代谢循环网络相关联，将为资源系统的整体改善带来显著影响。

4. 修正：风险响应的弹性机制

巴塞罗那高密度的城市空间给城市更新带来了挑战，如何在有限的可用空间中容纳新的生产设施，涉及巴塞罗那运行较为成熟的风险管理机制。

2007年巴塞罗那大停电事件的发生转变了政府的城市管理视角。2014年巴塞罗那市政府成立了城市复兴部（Departament de Resiliència Urbana），开始采用更具可持续性和可循环性的风险响应弹性机制（图3-5）：第一步风险管理，在城市人居中心设立控制中心"空间运营中心"，与其他设施平台保持信息互通，统筹各部门的风险协调管理；第二步风险分析，设立信息管理平台"弹性评估信息中心"，对运营中心的探查事件进行分析修正；第三步风险回避，组建应急组织"弹性响应委员会"，根据前两步的信息加强城市管理工作，负责实施改进项目，降低风险不良影响和再次出现的可能性[9]。风险响应弹性机制的三个支柱与项目管理周期的各阶段相互呼应。通过协同化的风险信息平台建设，巴塞罗那政府整合城市更新相关管理部门所需的空间数据和规划信息，为解决传统信息离散、其他领域基础信息难以有效整合等风险信息应用受限问题提供了技术路径。区域合作与部门合作是巴塞罗那风险管理的重要组成内容，其风险响应和管理工作由不同机构共同负责。

巴塞罗那风险响应和管理工作分工准确、职责明确，能够有效进行前期评估，组织各层级区域和部门开展行动，可为未来我国进行机制创新提供借鉴。城市应着重搭建城市风险管理协作体系，明晰各方职能权责，提出精准高效的对策以应对城市更新可能出现的状况。

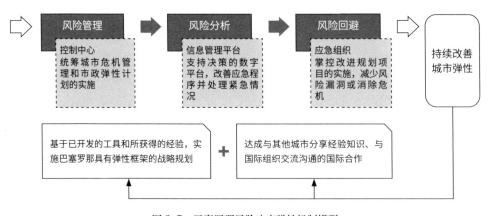

图 3-5　巴塞罗那风险响应弹性机制模型

3.1.3 我国制度保障相关策略

梳理汇总上述内容，得到图3-6，并据此提出适用于我国的相关策略。

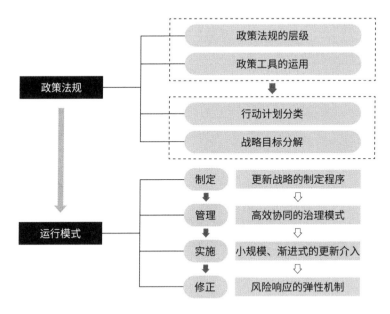

图 3-6　巴塞罗那城市生产性更新政策管理经验提取

1.政策法规

（1）制定专项政策和指导文件

巴塞罗那在政策文件和城市规划中纳入了农业和可再生能源生产内容，甚至有《住区法》支持社区农园的合法设立。但就我国目前的政策体系而言，应循序引导，不可急于变革。

国家层面：可尝试制定以生产性更新为导向的法规、国家标准和强制条例等，明确城市资源生产的范围和作用，提供切实建议和指导约束。以城市可再生能源生产为例，我国已制定《中华人民共和国可再生能源法》，但缺乏有效的政策法规实施细则，增加可再生能源市场份额仍需要更细致的政策落实。未来在我国城市可再生能源政策设计中，可根据技术条件、地区资源、生产规模等条件设定阶梯化价格制度，使政策激励作用得到更有效的发挥，并灵活控制财政成本；可尝试推出能源税、环境税、碳排放税等国家政策，将更多的化石能源补贴转移到可再生能源领域，改善新能源与传统能源之间的不平衡关系。

地方层面：可从地方性法规、自治条例和管理办法等指导文件入手。涵盖的内容可包括生产性更新的内容、相关战略政策和规划文件、所涉主体的权责界定、更新项目的实施流程、项目资金渠道、运行管理模式、优秀案例展示和常见问题汇总等。

（2）完善规划体系

合规的可用土地规划是进行生产性更新的前提，其中农业生产用地尤其重要，应赋予农业生产和能源生产在城市土地利用及规划体系中的合规性。政府可尝试制定城市内部资源生产土地专项规划，明确资源生产用地的范围界限、生产方式和配套基础设施。

目前，城市农业生产用地在我国《城市用地分类与规划建设用地标准（GB 50137—2011）》中尚属于农林用地（E2），光伏发电产业的复合用地性质只在 8 个省份有明确认定标准，资源生产的用地范畴仍须合理细分。因此，应适当调整城市建设用地和非建设用地中资源生产的界定和类型，提倡城市景观中的生产性植物种植、可再生能源复合用地规划，保障资源生产用地的合理存在。同时，还可以借鉴"人均公共绿地面积"等类似指标，在用地分类标准中限定"人均城市农业用地面积""人均可再生能源用地面积""城市农业覆盖率"等限值，保障农业用地等基本所需。

（3）综合运用经济手段

政府可运用经济手段，从正向激励和反向约束双向发力，推动生产性更新发展。正向激励的形式主要包括费用减免和奖励性补贴，包括减免土地使用税、发放示范项目奖金、设施免费安装或给予补贴和提供降息贷款等措施。例如，巴塞罗那市政农园为园丁免费提供水源和工具等基本条件，对于安装太阳能热水系统和光伏设施的都给予相应的安装补贴。由于城市生产性更新的资源生产活动会产出实际产品，对参与者有非补偿性利益，对带动市场有利好作用。因此，可以尝试借助经济手段将资源生产的社会和环境效益以资金形式返还给生产主体，放大城市资源生产的公益性用途[10]，使具有积极外部效益的更新项目得到鼓励，以此形成良性循环。

2. 运行模式

（1）多维协同的治理模式

参与主体协同、决策流程协同、各方权责协同是多维协同治理模式的三个重要组成部分，三者间的良性互动将实现生产性更新的多方共赢。生产性更新将面对多元参与主体，其实施过程不仅涉及资源产量和生态环境的提升，还牵扯复杂繁多的各方需求，而参与主体的工作过程和决策作用会直接影响相互之间的对话关系和实践成效。此外，不同于巴塞罗那的土地私有制，我国城市市区土地属于国家所有，空间资源的集约利用离不开政府各部门、开发商、公众和科研机构的参与。

具体来说，首先可通过对更新空间的权属梳理及现状调查，由政府机构牵头确定公私合作的参与主体，初步界定更新空间的范围和内容，实现参与主体协同；其次，在政策支持和整体统筹的基础上，提出顺应场地的生产性更新方案，采取流程多节点沟通的模式，实现决策流程协同；最后，基于利益平衡原则，确定各参与主体的权益和职责，投入相应成本并承担对应责任，实现参与各方权责平衡。

对于相关参与与协作机制等，将在 3.2 节中结合具体的生产性更新项目（社区农园）进行分析。

（2）小规模、阶段性的介入方法

① 拆解目标，循序渐进

更新初级阶段可将不同资源领域的长远目标进行计划分类和目标分解，逐步实现生态城整体的生产性网络铺开。以巴塞罗那三类更新行动为例，在《城市绿色基础设施刺激计划》中，园林部门对用地类型、可更新区域、生产措施等内容进行了统筹分类；为实现能源自给自足总目标，分别从"减消耗"和"增供应"两条路线分阶段推进。更新目标的拆解则为参与者提供了弹性空间，通过细致的经济测算和分阶段的行动路线制定，政府投入有迹可循，第三方机构盈利周期缩短，以此形成生产性更新的良性循环。

② 小微更新，空间活化

作为城市更新的领航者，上海市政府在 2016 年依照《上海市城市更新实施办法》启动"行走上海——城市空间微更新计划"，率先确定第一批 11 个住区微更新试点项目，意味着城市更新将越来越关注空间品质提升的精细化治理[11]。鉴于城市和建筑空间的小尺度、多样性特征，小规模设计应对原有空间的复杂问题进行灵活分析，在满足城市自给自足和可持续发展原则的前提下，提出多样化的设计操作手法，从而实现更具综合性的城市可持续发展目标。此外，小规模生产性试点项目有助于提升公众对身边生产性更新工作的接受度和认可度，公众参与将变得更加便捷友好。

（3）多元清晰的维护工作

① 多元的维护主体

在维护阶段，政府不直接掌管生产性设施和生产性活动的运行，但仍应承担起监督职责，制定规范的生产性活动监督制度，建立全面的监督体系，保障城市内部资源生产的有序进行。企业和科研机构掌握着城市生产性更新的技术、资金等资源，可为公众提供与农业和可再生能源相关的教育培训、业务咨询、技术指导与产品托管等服务，帮助政府和公众实际投入生产活动。公众是维护过程中的一线参与者，应逐步形成自治意识并将主动参与、自觉维护的精神传播至整个城市，促进生产性更新的全面发展。除此之外，应尝试建立城市或住区级别的生产性更新协会，协助政府管理实际事务，维护不同参与者的利益。作为第三方机构，协会可承担监督、维护、评估、宣传等工作：接收并反馈居民意见与投诉，定期调研评估生产性活动的进展状况，协同政企民科等相关主体，提供政策信息和技术服务等。

② 清晰的管理规定

清晰的管理规定能够划分多元参与主体的不同权责，激发参与者的管理意识，同时有利于减少运行后期可能出现的分歧与矛盾。从巴塞罗那已有生产性更新发展经验来看，明确的管理规定为维持生产性活动的良性运行提供了重要条件。管理规定主要包含生产方式和活动行为细则、环境卫生维护细则、基础设施使用与维护细则、资源利益分配细则等类别。管理规定中还须明确土地使用权转让、加入及退出、成果分配等细则，以避免机构间或居民间产生利益纠纷。同时，管理人员可在维护过程中纳入租赁模式，通过押金管理等方式，控制破坏公共设施、浪费水电资源等不良行为。为实现运行维护工作的透明化，管理人员应将管理规定公布在园区通知栏或相关网站上，必要时同时公布租金和押金的费用明细，并采用漫画、游戏、亲子活动等形式扩大规则普及范围。

3.2 参与机制——共建共治共享的
住区更新项目参与机制[*]

社区农园是典型的住区生产性更新项目，它具有以物质空间建设带动住区空间治理的触媒作用，有利于构建"共建、共治、共享"的社会治理格局。本节采用案例分析的方法，通过对我国社区农园不同参与主体间的结构关系和组织协作模式进行比较研究，分析不同参与主体在建设不同阶段的职责和角色，进而构建出典型住区绿色更新项目的多元协作式参与机制，提出分阶段协同合作参与模式的优化策略。

3.2.1 社区农园案例选取与分类

本书选择北京、天津、上海、成都、珠三角地区的社区农园作为研究对象（图3-7和表3-2）。

图 3-7 35 个社区农园实景图

---

* 本节内容提炼于作者丁潇颖的博士论文。参见丁潇颖. 中国社区农园研究 [D]. 天津：天津大学，2020.

表 3-2　35 个社区农园项目基本情况

编号	项目名称	所在城市	所在街道 / 住区	成立时间（年）	用地面积 / ㎡	用地类型
1	一米菜园	北京	海淀区田村路街道	2017	960	公园绿地
2	屋顶菜园	北京	东城区东华门街道韶九社区	2014	324	建筑屋顶
3	住区菜园Ⅰ	北京	东城区左安门内大街左安漪园	2011	160	住区绿地
4	都市菜园	北京	西城区新街口街道	2015	4500	闲置地
5	住区菜园Ⅱ	北京	东城区左安门内大街左安浦园	2011	410	住区绿地
6	街道菜园	北京	朝阳区枣营北里	2010	250	住区绿地
7	育园	北京	海淀区科育小区	2017	600	闲置地
8	邻里菜园	天津	滨海新区中新生态城	2016	350	住区绿地
9	广云花园社区农园	天津	南开区广开四马路广云花园	2015	352	住区绿地
10	吉安里社区农园	天津	南开区广开中街 145 号吉安里	2015	230	住区广场
11	学湖里社区农园	天津	南开区学府街湖影道学湖里	2016	264	住区绿地
12	四季村社区农园	天津	南开区天大四季村	2014	360	住区绿地
13	北五村社区农园	天津	南开区天大北五村	2015	220	住区绿地
14	梅园	上海	徐汇区梅陇九村	2017	450	闲置地
15	一平米菜园	上海	徐汇区梅陇三村	2012	500	闲置地
16	创智农园	上海	杨浦区创智天地园区	2016	2200	公园绿地
17	屋顶花园	上海	徐汇区长陇苑	2016	180	建筑屋顶
18	知识农园	成都	郫都区书院社区	2017	12 700	闲置地
19	院落农圃	成都	高新区肖家河街道永丰社区	2016	36	闲置地
20	车库菜园	成都	高新区肖家河街道兴蓉社区兴蓉南一巷 7 号院	2015	80	自行车库顶
21	馨福农场	成都	武侯区广福桥街 32 号院	2017	50	闲置地
22	微田园项目	成都	武侯区广福桥街 30 号院	2018	400	住区绿地
23	红色农场	成都	郫都区郫筒街道	2017	4520	闲置地
24	智慧农园	成都	郫都区双柏社区	2017	3333	闲置地
25	屋顶农园	成都	锦江区青龙正街 102 号院	2013	44	住宅楼屋顶
26	车库农园	成都	锦江区较场坝东苑	2014	360	自行车库顶
27	住区菜园	成都	锦江区静馨苑	2015	45	住区绿地
28	开心农场	杭州	拱墅区善贤社区	2015	500	闲置地
29	涌金菜园	杭州	上城区涌金门社区	2013	150	自行车库顶
30	生态菜园	广州	天河区长兴街道	2019	780	附属绿地
31	爱心农场	广州	荔湾区兴贤坊 20 号	2019	200	建筑屋顶
32	中山社区农园	中山	小榄镇北区社区	2017	1200	闲置地
33	珠海生态菜园	珠海	香洲区梅华城市花园	2014	3800	公园绿地
34	馨月园	深圳	南山区蛇口招商海月花园（二期）	2019	200	住区绿地
35	园岭社区农园	深圳	南山区笋岗路北的绿化带	2019	100	交通绿地

受北京"建成区留白增绿"、天津"绿色住区"行动计划、上海"15 分钟社区生活圈规划导则"、成都"两拆一增"与"增绿十条"、珠三角地区城市更新等政策影响，这些地区开展了大量社区农园实践，与其他区域相比，便于挑选发展成熟的案例。而南北方不同区域案例的选取，可以排除地域差异影响。通过专家推荐和现场勘查，本书共筛选出 35 个具有代表性的社区农园研究案例，并于 2018 年 3—6 月、9—11 月和 2019 年 3—6 月、11—12 月对上述案例进行现场调研，对主要参与者开展了半结构化访谈。

3.2.2　五类参与模式辨析

根据社区农园不同参与主体在农园各阶段的参与程度，将农园参与模式界定为五类，包括"政府全程主导""政府组织 + 多方共建共治""第三方机构组织 + 多方共建共治""居民自主营造维护""居民发起 + 多方协作 + 居民自治"。

（1）模式 1——政府全程主导

模式 1 对应北京都市菜园、深圳园岭社区农园和上海屋顶花园三个案例。都市菜园和园岭社区农园分别是政府机构北京市园林绿化局和深圳市城市管理和综合执法局利用拆迁类地块、绿化带改造的；屋顶花园是社区居委会在所属街道办事处的支持下利用住区公共建筑屋顶建造的。

在模式 1 中，政府主导社区农园的策划、设计、建造、管理和运营全过程。在政府的支持下，社区农园可以连接到丰富的公共资源。充足的资金和人力投入使农园项目能够快速实施且初期能够取得较好的景观效果。后期管理运营阶段，建立较完善管理机制的"都市菜园"和"屋顶花园"可以持续运转，但仍面临着公众参与缺位、农园活力不足的问题。而"园岭社区农园"则因缺乏居民参与、管理职责无法落实，被迫停止。就构建韧性住区的目标而言，这类模式有较明显的项目导向特征，并未考虑住区自组织的内容（图 3-8）。

（2）模式 2——政府组织 + 多方共建共治

模式 2 包含五个案例，包括北京一米菜园，上海一平米菜园，成都知识农园、智慧农园，珠海生态菜园。除生态菜园为公园闲置地改建项目外，其他农园均属于住区微更新项目。

以深圳"园岭社区农园"为例

	启动阶段	设计阶段	建造阶段	管理＋运营阶段
城市管理和综合执法局	号召组织	协助设计	协助建造	管理维护＋组织活动
专业团队		设计建造	设计建造	
居民			短期参与建造	

图 3-8　模式 1 的参与机制图

在模式 2 中，政府作为组织者，在前期主要负责社区农园的宣传和启动工作，中后期通过联合第三方机构和居民共同推进社区农园设计建造和管理运营。以成都知识农园为例，成都市郫都区郫筒街道发起"可食地景"项目，联合书院社区居委会、成都市大同社会工作服务中心，将书院社区闲置废弃地改造为知识农园。后期政府通过报名认领的形式将农园交由居民打理维护，社区居委会以协助者的身份管理监督菜园运行（图 3-9）。该类模式下的其他农园项目采用了类似的职责划分形式。不同的是，珠海生态菜园项目后期，政府通过招标的方式引入正方物业承担监管角色。

由于模式 2 在后期为居民开放了参与平台，与模式 1 相比，在一定程度上调动了居民的主动性。部分参与者在社区居委会和社会组织等主体的引导下，逐渐建立了参与社区公共事务的意识，并发展出居民自治组织。例如，知识农园孕育的社会团体"恒爱妈妈团"，依托农园开展多项社区公益环保活动。但由于模式 2 并未建立完全的居民参与机制，居民对项目不了解或对空间存在一种"陌生感"，随着项目的开展，部分农园出现了居民持续参与动力不足的现象。例如，北京一米菜园和成都智慧农园，居民并不认可种植箱和智能灌溉设施的设计，导致居民持续参与的意愿逐渐降低。

以成都"知识农园"为例

	启动阶段	设计阶段	建造阶段	管理＋运营阶段
成都市郫都区郫筒街道	发起项目	资金支持	协助	监督检查
成都市书院社区居委会		设计建造	设计建造	监督检查
成都市大同社会工作服务中心		设计建造	设计建造	
居民				日常维护

图 3-9　模式 2 的参与机制图

（3）模式3——第三方机构组织＋多方共建共治

模式3对应多个案例，代表性的案例包括北京屋顶菜园，上海梅园、创智农园，广州生态菜园、爱心农场等。除创智农园处于新老住区之间，用地性质为游园外，其余案例均位于住区内部。

社区农园的第三方机构指除政府、社区居委会和居民外的参与主体，可以是社会组织、公益基金会、专业设计团队、开发商等。在模式3中，第三方机构是社区农园的责任主体，在各阶段承担多重角色。例如，广州天河区长兴街道的"生态菜园"即由非政府组织广东岭南至诚社会工作服务中心发起建立。在启动阶段，服务中心以发起者身份，对社区农园进行宣传讲解；在设计建造阶段，以组织者的身份，邀请华南农业大学专业团队参与，提供设计方案；并协助组建工作坊，召集学生志愿者、义工、居民完成项目实施；在管理运营阶段，以协作者的身份，与居民、高校和工疗站形成联盟，共同照看农园。同时，服务中心发挥自身网络优势，链接企业资金支持，维持项目稳定运转（图3-10）。

在模式3中，政府让渡了更多权利，身份由决策者、组织者转向协作者，但在多数案例中仍承担资金支持和方向指引的工作。与模式1和2相比，居民获得更多表达自身诉求的机会，第三方机构也可根据居民需求提供更符合民众意愿的设计方案。另外，许多在地社会组织在调动资源、宣传引导方面的优势也会显现出来。从最终效果来看，前期居民意见咨询程度、参与程度和居民利益诉求的响应程度，直接影响后期居民自组织团体的建立及社区农园的可持续性。例如，上海梅园营造期间，

以广州长兴街道"生态菜园"为例	启动阶段	设计阶段	建造阶段	管理＋运营阶段
广东岭南至诚社会工作服务中心	提出倡议	协作组织	协助建造	组织日常维护＋管理监督＋链接资源＋组织活动
华南农业大学		场地调研＋设计方案	组织建造＋提供培训	
广州华南商贸职业学院等高校				基础设施修缮
广东建友建筑有限公司等企业		资金支持	资金支持	资金支持
天河长兴街道工疗站等机构				物资支持＋日常维护＋技术支持
居民			参与建造	日常维护
义工			参与建造	日常维护
长兴街道党群服务中心		协助组织	协助组织	监督检查

图3-10　模式3的参与机制图

专业团队以访谈和问卷调查的形式深入了解居民使用者年龄特征、生理特征、使用频率、活动需求和种植偏好，并采用手绘农园愿景图、发布方案公告征求居民意见等参与式设计手段进行农园建设，使得农园极大地回应居民需求。在后续管理阶段，居民对农园的认同感和参与感较强，并成为管理运营的主体。较为活跃的居民还组建了种植团队，主动承担养护农园、维持秩序、组织活动的工作。

模式3对第三方机构的综合能力要求较高。当主导的第三方机构仅具有单方面能力且无法获得外界支持时，社区农园项目将较难持续。例如，在部分案例中，具有管理经验的在地社会组织虽然成功召集居民发起农园项目，但因为缺少设计和种植技术，后期未引入外部力量，导致农园荒废，居民自组织团体无法建立。

（4）模式4——居民自主营造维护

模式4包含8个案例，代表性的案例为天津邻里菜园与北五村社区农园、北京街道菜园、成都红色农场等。除邻里菜园以居民种植团队的形式开展种植活动外，其余社区农园均为居民个人的自发种植活动（图3-11）。

居民自主营造维护指居民个人或居民团体作为单一主体开展的社区农园设计建造与管理维护活动。由于居民享有对农园完全的控制权和决定权，社区农园能极大地满足居民需求，农园空间更偏生活化、灵活性和创意性。例如，天津天大四季村居民在宅前绿地种植丝瓜、黄瓜等攀爬类作物营造荫蔽空间，北京枣营北里居民则充分利用可回收材料在街道两侧零散空地上搭建作物攀爬架。

然而，由于现阶段缺少明确的规章制度，以及来自外界的支持与监督，自主营建的社区农园往往陷入土地使用权限纠纷和不当种植行为引发的社会矛盾中。更为重要的是，外界引导的缺位，使得居民的参与动机仅停留在生产种植方面，并未形成集体意识和承担住区公共事务的责任意识。

图 3-11　模式 4 的参与机制图

（5）模式 5——居民发起 + 多方协作 + 居民自治

模式 5 包含的案例较少，典型案例为深圳馨月园。

在该模式中，住区居民扮演关键角色，发起项目、主动参与营造并推动管理维护。政府和第三方机构作为合作者，提供资源支持和指导服务。例如，馨月园最初由居民社团"花友会"成员发起，经住区管委会和业委会同意后，居民团体改造住区荒废公共绿地为社区农园。由于缺少专业化指导，社区农园出现植株长势差和景观效果不佳的问题。后期以深圳市城市管理和综合执法局为首的外界力量进行合理介入，对社区农园环境进行整体改善。在新一轮的营造活动中，深圳市城市管理和综合执法局与绿色基金会承担协调者的角色，引入专业团队并给予资金支持；境兰生态景观有限公司作为设计方，了解场地问题和居民诉求并提供设计策略；蛇口社区基金会作为社会力量，以组织者的身份发动居民参与营造、组织长期活动、培养居民自治团队、监督社区农园的可持续发展；住区居民充分发挥住区主人翁意识，主动参与农园建立与维护（图 3-12）。

与模式 4 相比，模式 5 中的社区农园开展得更为持久有序，居民自治的意识也更强。其中，政府和第三方机构等外界力量发挥了推动作用。例如，在馨月园项目中，在地社会组织"蛇口社区基金会"借助其丰富的住区工作经验，较快地接触并了解参与居民的需求，在营建过程中，选出有组织能力的居民作为领袖，建立居民种植团队，并通过定期的指导服务，引导其发展为新的公益组织。

图 3-12　模式 5 的参与机制图

3.2.3 生产性更新参与模式和优化方向探索

1. 居民为主 + 多元主体协同合作的参与模式优势

综合比较五类参与模式发现，居民自主营造维护模式虽然建立起居民和农园之间强有力的联系，可发挥居民主动性，但外界支持和引导的缺失，严重制约了居民自组织能力的发展。在政府全程主导模式中，居民被动且缺乏话语权，对社区农园参与动力不足，居民自组织也较难建立。相比之下，"政府组织 + 多方共建共治""第三方机构组织 + 多方共建共治"和"居民发起 + 多方协作 + 居民自治"的多元主体协同合作的模式，能够较好地解决参与目的不明确、参与动力不足等问题，是当前培育社会资本的可供选择、选之更佳的组织模式。

从住区生产性更新的发展目标来看，多元主体协同合作模式还须明确居民的主体地位，充分尊重和了解使用者诉求，将居民由"被组织者""旁观者"转变为主动"参与者"。在此过程中，以往主导项目的一方应逐步将自己直接承担的职责交给居民团体。

基于上述讨论，本书认为"居民为主 + 多元主体协同合作"的参与模式是促进社区农园建设，推进住区生产性更新的最优路径。本书将针对社区农园各阶段的特点和要求，对多元主体协同合作模式的优化方向进行详细论述。

2. 分阶段"居民为主 + 多元主体协同合作"的参与模式解析

（1）启动阶段：提高社区农园认知度，引导居民参与

在启动阶段，政府应联合第三方机构大力开展社区农园宣传推广工作，提高公众对社区农园及其作用的认知度，号召居民广泛参与。

地方政府可利用官方媒体平台发布与社区农园相关的内容，帮助居民在日常生活中获取农园信息，宣传推广农园项目；通过在街道公园等公共空间设立示范性农园项目的方式，为农园的融入提供具有说服力的素材，引导居民参与。

在住区层面，社区居委会除在住区微信群、居民 qq 群里发布社区农园公告，线上普及社区农园知识，保证居民的知情权外，还可以组织召开农园动员会、组织参观体验活动，让居民亲身感受到农园的效益，提高参与积极性。

第三方机构应协调配合政府和社区居委会完成宣传和理念输入工作。第三方机构可以采用工作营的形式，向各社区居委会代表讲授社区农园的意义和发展目标，并与住区合作，通过开设社区农园平台提供讲解咨询服务，开展"蔬菜漂流""种子互换"等趣味性活动的方式，获得居民对农园的认可与青睐（图3-13）。

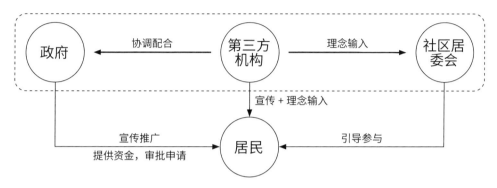

图3-13　启动阶段多元主体协同合作模式

（2）设计阶段：以居民意愿为基础，以专业团队知识为主导

① 以居民意愿为基础

为提高居民参与度，培养居民自组织能力，专业团队应转变过往单方制定设计方案的模式，充分调动居民的积极性，深入了解居民的设计意愿。其间，专业团队可采用参与式设计工作坊的方式，向居民讲解农园理论知识，带领居民进行现场勘测，并组织居民分组讨论汇报，让住区居民亲身参与到设计方案制定中。参与式设计工作坊宜采用分享会或讨论会的形式开展，以营造平等的空间关系与开放的发言氛围，使居民根据自身想法畅所欲言。

在参与式设计阶段，社区居委会和在地社会组织可配合专业团队完成居民招募工作，并主动参与到设计工作坊中，与居民协商确定方案。

② 以专业团队知识为主导

专业团队在此过程中主要发挥专业把控和引导协调作用。专业团队可在设计前期对住区和建设场地开展深入调研，了解使用者特征、项目背景和场地条件，预先明确场地建设难点，商定设计意向，保障社区农园建设符合培育社会资本的目标和住区环境优化方向。在正式的参与式设计工作坊或方案汇报会中，专业团队应帮助居民认识和熟悉场地特征，明晰场地优劣势建设条件，启发居民思考、分析和讨论。

在制定设计方案时，专业团队除关注居民提出的设计方案的可行性以外，还需要做好协调工作，综合不同居民的意见和想法，确保最终的农园设计方案符合居民的意愿与要求（图3-14）。

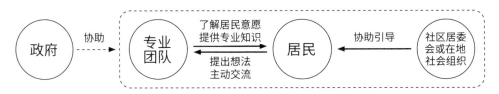

图 3-14　设计阶段多元主体协同合作模式

（3）建造阶段：拆解建造工序，提供人人可及的参与渠道

由于培养居民自组织能力是社区农园的建设目标，其建造过程理应与仅注重空间效果的大规模城市建设不同。社区农园可将工程队或其他专业人士短期即可完成的建造工序拆解为多个简易的活动，分步完成。每一次的活动都可作为锻炼居民能力的机会。

专业团队在该阶段应主动承担协调和任务拆解工作。正式营建之前，专业团队可事先与社区居委会和居民代表讨论建造活动的开展形式和流程，结合讨论结果，将农园建设工序分解为多期充满趣味性的营造工作坊，并进一步针对每期工作坊的主题和内容，完成"方案制定策划、物料筹备、专业技师配备、参与人数统计、任务分工安排、建设流程演练"等准备工作。社区居委会和在地社会组织可以做辅助的招募工作和安全防护准备工作。政府可负责链接在地资源，例如，在翠福园社区农园建造中，政府委派街道绿化队为社区农园铺设石板，减少专业团队和居民建造压力。

在建造工作坊开展过程中，专业团队应首先向参与者明确建造目标和内容，通过现场示范的方式，讲解工具的使用要求及厚土种植、有机堆肥等专业化营造技艺。之后，专业团队可根据参与情况，分组分配任务，组织营造。在建造现场，社区居委会和在地社会组织，应与居民共同参与工作坊，并为参与者提供膳食或茶歇等服务，创造活动的温馨感。

建造期间，专业团队和其他主体应注意挖掘住区中参与意识较强且有影响力的居民或技术达人。一方面，把它作为认可在地资源实力的形式，鼓励更多居民积极参与；另一方面，补充专业团队力量，助力农园建设。同时，第三方机构和社区居委会还应注意对这部分参与者能力的培养，以发展其为居民领袖，承担未来种植团队组织工作（图3-15）。

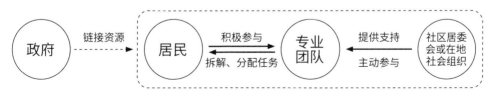

图3-15　建造阶段多元主体协同合作模式

（4）管理运营阶段：以居民自治为基础，以监管服务为支撑

居民是社区农园的主要使用者。在理想情况下，前期形成的居民志愿维护团队应发展为自治小组，主动承担农园管理维护职责，自主制定维护规章制度，自主组织活动运营。政府、社区居委会和第三方机构发挥监督和服务的辅助作用，并逐渐退场。

该阶段初期，多数农园面临政府撤资所带来的运营压力。社区居委会或第三方机构仍需要帮助链接资源，维持农园持续运行。例如，第三方机构可以将企业活动与社区农园对接，将建成的社区农园作为平台，定期开设自然教育、有机农业种植等课程，把从企业付费上课获取的资金收益用于维持农园运行。同时，第三方机构还需要提供技术指导，在后期通过链接文化类活动，如组织住区市集、住区开放日、故事会、住区厨房等活动，帮助建立居民团体、提高农园参与率。

然而，居民自治力量需要长期培养。项目建成初期，居民团体的自治能力往往较为薄弱。此时，第三方机构还需要承担孵化住区自组织的职责。第三方机构可通过开展培训活动，辅助居民团体组织活动，开放对外参与平台等方式，培养居民自治能力，并逐步将农园管理交给居民组织。例如，"育园"后期的总结会，专业团队采用配合支持、协商共创的形式辅助居民团队开展会议活动。其间，双方共同确定活动目标和大致流程，之后以社区居委会和居民代表为主提出具体方案并组织执行，从而帮助居民团体建立存在感和自信心。广州爱心农场社会组织则通过邀请农科院对居民团体进行定期培训，带领居民团体赴广州南沙种业小镇等种植基地参观学习的方式，提升居民团体的能力（图 3-16）。

图 3-16　管理运营阶段多元主体协同合作模式

　　总之，通过对 35 个社区农园项目的调研分析，以参与主体在农园各阶段的参与程度为依据划分五类参与模式，深入分析不同模式对自组织能力建设的影响，提出"居民为主 + 多元主体协同合作"的参与模式最适于社区农园建设与住区生产性更新，并对分阶段"居民为主 + 多元主体协同合作"参与模式的优化方向进行探讨。

　　研究发现在社区农园建立的各阶段，主体间明晰的权责关系有利于协同合作模式的构建，促进居民自治力量的培养。在启动阶段，政府、第三方机构和社区居委会应联合做好宣传引导工作。在设计和建造阶段，专业团队应积极介入，帮助居民表达意愿，组织居民切身参与建设，并协调处理不同利益群体诉求关系。社区居委会等管理者应提供协助，培养居民领袖建立居民自治团体。在管理运营阶段，居民应充分发挥主人翁意识，主动参与农园乃至住区公共事务的管理工作。其间，专业团队作为智库提供必要的技术服务，政府还须加强宏观监督与调控。

3.3　建设策略——面向邻里社区重建的 社区农园设计与发展策略 *

近年来，随着城市更新由空间生产向社区营造的风向转变，社区农园在不少城市涌现，并成为"重建人与人关系"的新空间[12]。其中，以京津和沪杭为代表的城市，将社区农园作为"睦邻家园""邻里建设"工程的重要方向，以促进邻里关系，推动社区发展。如北京市"一米菜园"、上海市"创智农园"等。然而，关于社区农园社会作用的有效性，不同农园项目间差异显著，部分社区农园被视为邻里互动的关键媒介，部分被看作引发邻里矛盾的场所，遭到居民反对[13]。这表明，在我国社区农园迅速兴起、地方政府着力以社区治理为目标推广农园项目的背景下，亟须对社区农园进行深入研究，分析其对邻里社区重建的作用机制，规范引导社区农园建设，实现以社区农园促进邻里社区重建的发展目标。

3.3.1　研究方法

研究方法如下：引入"社会资本"理论，阐释其与社区重建和社区农园的关系；选取京津沪杭地区发展成熟且社会功能显著的社区农园作为案例，通过调研，分析社区农园对社区重建的作用机制；基于研究结果提出社区农园的发展建议。

1. 理论框架——社会资本的概念及其与邻里社区的关系

社会资本理论源于 20 世纪 70 年代有关社会网络的研究。当前学界普遍认同罗伯特·普特南对社会资本的定义。他认为，可将一定空间范围内成员间所形成的普遍信任、社会网络和互惠规范的特征定义为"社会资本"。其中，信任是社会资本的基础要素，代表了对个体、群体或组织的主观性信赖。信任关系的建立促进网络化社会关系的形成，即社会网络的建立。规范则指在长期合作互惠关系中产生的规定，包括强制性的法律条文和非制度化的准则标准[14]。同时，社会资本强调通过集体行

---

* 本节内容修改自作者的论文。参见张玉坤，丁潇颖，郑婕. 基于社会资本理论的社区农园功能与策略研究 [J]. 风景园林，2020，27（1）：97-103.

动和组织行为整合社会关系，产生沟通、协调、互惠、合作等社会价值，降低交往成本，提升社会效率。

按照社会学理论，邻里社区包含共同的价值取向、信任度高且富有人情味的人际关系，以及共同遵守的制度等，强调通过地域范围内形成的社会资源促进邻里互动、居民参与[15]。因此，就理论内核和发展方向而言，社会资本与邻里社区具有高度契合性。同时，社会资本还包含促进居民关心公共事务、参与社区治理的作用，也与我国现阶段邻里社区自治的发展诉求相吻合。可以认为，社会资本与邻里社区在本质上是一致的，加之社会资本作为理论工具更易于操作，因此，本书从社会资本的角度分析邻里社区，对于"社区农园能否有效推动邻里社区重建""社区农园对邻里社区重建的作用机制为何"的追问则被转换为对"社区农园能否成为培育社会资本的空间载体""社区农园中社会资本的形成机制为何"问题的回答。

为进一步明晰该作用机制，本书借助"信任－社会网络－规范"三分结构法，分析社区农园中社会资本构成要素的形成机制，以及由此产生的社会功能，从而证实社区农园可培育社会资本，而充足的社会资本能够实现邻里互动、激发社区公共精神、促进社区自治，最终实现邻里社区重建的目标（图 3-17）。

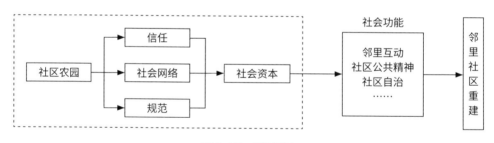

图 3-17　理论框架

2. 案例选择与调研方法

从上文（3.2 节）提及的 35 个社区农园研究案例中筛选出 8 个具有代表性且社会功能显著的农园作为研究案例（表 3-3），并于 2018 年 3 月—6 月，就选取的社区农园和相关合作机构（上海市农科院园艺研究所、北京爱思创新公益组织）展开半开放式深入访谈、问卷调查与参与式观察。对每个社区农园，访谈 1 位社区居委会领导与 3 ～ 4 位核心成员。对每位受访者的访谈持续 60 ～ 90 分钟。随后，选取

表 3-3　调研社区农园基本情况

项目名称	一米菜园	屋顶菜园	住区菜园 I	邻里菜园	梅园	创智农园	开心农场	涌金菜园
所在城市	北京	北京	北京	天津	上海	上海	杭州	杭州
所在街道/住区	田村路街道	韶九社区	左安漪园	中新生态城	梅陇九村	创智天地园区	善贤社区	涌金门社区
成立时间（年）	2017	2014	2011	2016	2017	2016	2015	2014
用地面积/㎡	960	324	160	350	450	2200	500	150
种植组成员人数	124	18	35	25	43	—	—	24
用地类型	公园绿地	建筑屋顶	住区绿地	住区绿地	闲置地	公园绿地	闲置地	自行车库顶
例会频率	每月1~2次	每周1~2次	每周1~2次	每月1~2次	每周1~2次	每周1~2次	每1~2月1次	每周1~2次
文化类活动频率	每年4~6次	每月1~3次	每周1~3次	每年4~6次	每周1~3次	每周1~3次	每年1~3次	每月1~3次
文化类活动主题	亲子活动；菜籽节	亲子活动；分享节；开锄节	亲子活动；孤寡老人蔬菜派送；分享节；种子互换	亲子活动；分享节	亲子活动；分享节	亲子活动	亲子活动	孤寡老人蔬菜派送；分享节

种植组成员发放问卷，并保证问卷回收率达到总体参与人数的 90% 以上。由于创智农园与开心农场均由第三方机构维护，本书以对农园所在住区居民的问卷调查作为补充数据。最终，共计访谈 8 位住区领导、30 位居民、2 位合作机构协作者，回收问卷 481 份。访谈与调查的内容包括：个人和农园的基本情况，参与农园的经历体验，农园中相关活动及其影响，以及对农园社会资本构成要素的评估。此外，在晴天对 8 个典型社区农园进行现场观察记录。

3.3.2　社区农园与社会资本

本节首先介绍社区农园参与者及其权责，然后从信任关系的建立、社会网络的建立与规范的建立分析社会资本的形成机制，最后介绍社会资本的社会功能，以及对社区重建的作用。

1. 社区农园参与者及其权责分析

参与社区农园管理建设的社会成员包括：维护者（住区居民）、组织者（政府部门）和协作者（第三方合作机构，如物业公司、景观设计单位、地方农科院、社会公益组织等）（图3-18）。其中，维护者又分为种植组成员与普通居民。种植组成员是社区农园的创建者，并长期负责农园的维护和发展；普通居民多以志愿者身份选择性参加农园活动。从调研结果看，种植组成员与普通成员都对社区农园持支持态度，并不同程度地参与资源分享、集体学习和文化活动。多数种植组成员对社区农园产生依恋感，参与社区农园维护工作已成为其日常生活中重要的一部分。与普通居民相比，他们在社区农园中投入的时间更长。

政府部门作为组织者，在社区农园建设和发展过程中起关键作用。具体工作包括：与第三方机构合作，获得用地、水源、技术与服务支持；与居民沟通，组建种植小组，满足人力资源需求；承担协作工作，化解不同利益相关方的分歧。此外，几乎所有社区农园的建设费用都由政府投入，社区农园的蓬勃发展离不开政府的大力支持。

第三方合作机构作为协作者，除提供各类资源支持外，主要负责帮助居委会和居民认识到社区农园在培育社会资本中的作用，帮助种植小组发展成为居民自治小组。

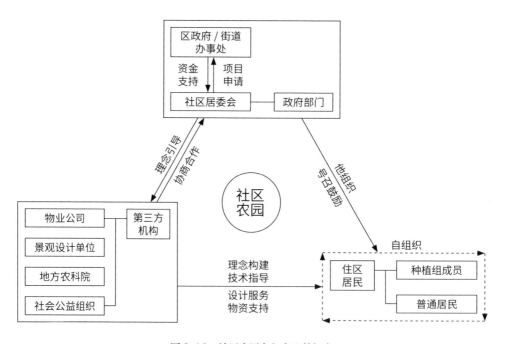

图3-18 社区农园参与者及其权责

2. 社区农园中社会资本的形成机制分析

（1）信任关系的建立

多样化的参与式活动有助于居民间信任关系的建立。项目建设阶段，由于面临缺容器、缺种子、缺水、缺土等难题，居民需要群策群力方能保障社区农园的顺利实施。后期维护阶段，由于种植能力和时间的差异，居民会经常讨论育苗心得、传授他人种植经验、互相照看蔬菜。这些看似微不足道的共建共享行为和交流互助活动，体现了居民开放和真诚的态度，不仅传递了知识和信息，更建立了居民间的信任关系。87.3%的成员表示，经过一段时间，会对其他居民产生信任感，愿意深入交往并在别人需要帮助时伸出援手。"城市把人际关系整得特冷漠，大家老死不相往来，互不了解，也谈不上信任。现在通过这个菜园关系近了，互相都可关照了，可团结了"（邻里菜园，吴阿姨）。这表明农园对邻里信任感的建立发挥着重要作用。

上述信任关系也建立在居民与居委会之间。考虑到项目建设需要各方支持而居民力量有限，居委会往往主动承担协调各方的责任，以保障农园各项资源供应。居委会对农园的大量付出，会改变居民对居委会的看法。值得注意的是，当社区农园成功建立、日常事务顺利开展，即居民与居委会间合作的有效性被证实时，居民会更加认同彼此形成的信任关系。70%以上的成员认为社区农园建立了居委会与居民间的信任关系，促进了互动。受访的居委会领导表示，当住区举办其他活动时，居民态度也由之前的抗拒转为支持，甚至帮助居委会，使住区工作更容易开展实施。

"社区农园是个纽带，它把居委会和居民都凝聚在一起了。居民到这里可以种菜，可以提意见，慢慢地就喜欢上居委会了。现在居委会就像是老百姓一个没上锁的家，大家时不时都来转一圈"（屋顶菜园，吴书记）。这印证了社区农园对居民与居委会间信任关系建立的重要性。

（2）社会网络的建立

社会资本包括粘合性社会资本和桥联性社会资本。就社区农园而言，黏合性社会资本指相同阶层居民参与农园产生的网络价值，桥联性社会资本指不同经济、社会背景的居民参与农园产生的网络价值。

① 黏合性社会网络的建立

社区农园参与式活动促进种植组成员间黏合性社会网络的建立。项目初期开展的"技能培训课"等集体性活动，为成员创造了熟识的机会。长期举行的研讨、协商性活动，强化了该社会关系。76.3%的成员认为，例会中的讨论帮助他们更清楚地知道对方的看法与意愿，有利于彼此了解。伴随着熟悉度与亲密度的增加，成员会结伴参与农园以外的活动。近半数的成员表示曾共同参与集邮、购物等活动。这意味着"合作"关系转化为"朋友"关系，社会网络被进一步强化。参与动机的转变（图 3-19）也证实了网络的建立。约 70%的成员认为，最初参与农园的意愿是个性化的，如获得蔬菜、满足兴趣爱好等，但现在"陪伴""交友""相互扶持"是他们坚持参与农园的主要原因。

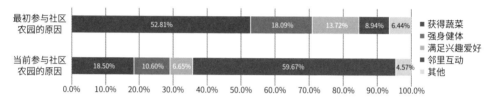

图 3-19　社区农园参与动机比较

在社区农园中，不同年龄段的群体均能根据自身特点参与农业活动：老年人可提供种植技艺，青年人可承担高强度体力劳动，小朋友可尝试浇水采摘等简单的活动。"社区农园搞好了，邻里关系就活跃了，老年人到这里聊啊，小孩到这里认菜啊，年轻人到这里拔草啊，没有农园都不认识，有了农园大家都聚一起了，就是这块地的作用"（创智农园，李阿姨）。这证实了社区农园可打破年龄限制，促进代际交往。

更为重要的是，农园定期举办的文化活动极大地吸引全体居民参与，对于仅靠地缘凝聚在一起的弱关系转化为强关系具有重要作用。例如，梅陇九村的"梅园"每月举办的"亲子活动"曾吸引近 145 户家庭参与。多数非核心成员表示通过"蔬菜派送""分享节""开锄节"等文化活动了解并参与社区农园。这表明社区农园为居民提供了建立社会关系的机会。

② 桥联性社会网络的建立

和谐的邻里社区，其社会网络必然是丰富而多元的。然而，现有住区普遍存在异质性社会网络缺失的现象——住区中外来务工人员和来自异乡帮助子女照看孩子的"老漂族"，由于地域与生活方式差异，认同感较低，甚至因自卑畏于社交，难以融入住区。有意思的是，社区农园往往是流动群体与他人互动的平台。从种植组成员构成看，24.3% 的参与者为外地人。在社区农园，具有种植经验的外来务工人员和掌握农业技术的"老漂族"，通常会被居委会邀请以农园技师的身份参与指导日常活动，并通过帮助他人成为种植组核心人物。另外，第三方机构组织举办的农园互访与交流活动，搭建了居民与社会组织、不同住区居民间互动的桥梁，促进地理意义上更大范围的桥联性社会网络的建立。

（3）规范的建立

社区农园的规范包括居民彼此认可的公共精神及共同制定的公约。在社区农园中，居民共同维护果蔬，分享集体劳动乐趣，这种共建共享的建设模式所包含的尊重、团结、互助等价值观和行为方式，经过时间的沉淀被强化为农园公共精神。居民在管理农园中，会建立组织制度，制定管理细则，规范育苗、浇水、施肥等行为，这些准则与要求也代表了规范的建立。近70%的种植组成员表示，在农园规范的影响下，会自觉维护住区公共环境卫生，并引导其他居民参与环境治理。"社区农园中的公约准则帮助居民认识了农园工作的顺利开展需要彼此妥协与接纳、相互支持与监督，并指导他们逐步明白了住区工作的推行也需要不同个体的参与与配合、共治与共享"（涌金菜园，郑书记）。这表明农园规范已经形成，并经扩散发展为住区制度为居民所遵守。

综上，社区农园不同利益相关方的广泛参与是农园社会资本形成的前提条件，其中，政府部门和第三方机构的积极介入促进了普遍信任的形成，提高了社会网络的丰富度；他们的合理引导更推动了规范的建立。参与式活动是农园社会资本培育的重要媒介，它为不同个体和组织间的互动搭建了平台。可以认为，社区农园中社会资本的形成离不开不同主体的参与和多样化的参与式活动（图3-20）。

3. 社会资本的社会功能分析

社区自治是住区社会功能的主要内容，而社区自治的关键在于自治意识的建立与自治能力的建设。从这个角度讲，社区农园正充当着社区自治空间的功能，它所形成的社会资本激发了居民的主体意识，培养了自治能力。

农园规范主张居民自我管理、自主解决维护难题，有助于增强居民自治意识、培养自治能力。调研中63.1%的成员表示，通过自我管理与自我维护获得极强的融

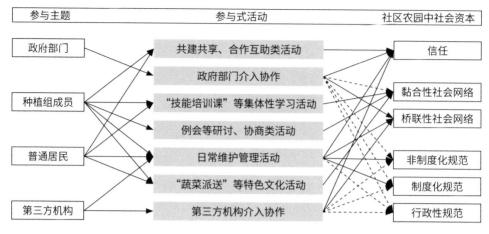

| 参与主题 | 参与式活动 | 社区农园中社会资本 |

图 3-20　社区农园中社会资本的形成机制分析

入感，社区农园的成功建立与自身的积极参与，产生了环境和人的双向变化。这让他们意识到自己有能力改变生活环境，并由此激发了自治意识。"没农园以前，居民习惯于依赖。但当他通过自身努力建立了农园，通过蔬菜分享活动服务他人的时候，他会认识到居民才是住区的主体，小组的目标不应只停留在农园维护上，更重要的是服务管理住区"（北京爱思创新，薄主任）。同时，57.6%的成员认为，组织制定公约、规划举办活动等自主性行为，帮助他们学习了团队沟通合作技巧，培养了从事住区基础性工作的能力。

农园建立的信任关系与社会网络有利于社区自治意识的传播。具有自治意识的成员可通过农园形成的社会网络影响其他居民。作为交流学习的成果，住区整体的公共精神、参与住区事务的信念也会增强。这种稳固的信任关系与社会网络还能推动自治活动的全面开展。社区自治需要居民团结合作，而成员对集体行动的认可，互相的鼓励支持，都以居民在社区农园形成的信任关系和社会网络为基础。当自治团队独立应对难度较大的社区问题时，这种信任感和社会网络尤为重要。

北京左安漪园"星星火公益行动队"的成功建立证明了社区农园中社会资本对社区自治的重要作用。该团队源于农园种植组。随着自治意识的增强，成员逐步参与住区公共事务，并针对住区老年人剪发困难、独居老人无人照料、住区犬粪有碍环境的问题，成立了"银发金剪""慰老服务""爱犬协会"等服务小组。成员凭借农园建立的信任感、社会网络和规范，共同建立规则、组织活动，互相监督，互相支持。通过服务住区、服务他人，获得了自我价值感和自信心，最终形成住区自我服务、自我管理、自我监督的自组织团体。

综上，社区农园形成的规范，激发了居民的自治意识，培养了自治能力。信任关系和社会网络扩大了公共精神的影响力，为社区自治提供了持续推动力。可以认为，社区农园产生的社会资本发挥了重要的社会功能，社区农园促进了邻里社区的重建。

3.3.3 以社会资本培育为目标的社区农园发展与设计策略

调研结果表明社区农园中社会资本的培育，依赖于不同主体的广泛参与和丰富的参与式活动。为此，本节从提高参与度促进社会资本建立视角提出社区农园的发展策略。

1. 以培育社会资本为目标的社区农园发展策略

（1）提供自上而下的制度保障

社区农园空间权属不清、管理体系不健全，导致社会资本缺失，并引发邻里纠纷，是社区农园社会功能难以发挥的重要原因。为此，我国政府可借鉴国际经验，从制定相关政策与设立监管机构两方面，提供自上而下的制度保障。在欧洲，政府一般将社区农园作为基础设施纳入城市的总体规划，甚至通过立法的形式支持社区农园的建设和保护，如英国伦敦的 Capital Growth 规划，德国、奥地利的份地农园管理法案 [16]。由于我国社区农园尚处于萌芽期，可尝试在城市土地利用专项规划文件中将"社区农园"用地标准予以明确，后期可着力将社区农园纳入地方规划和国家法律以形成保障其发展的政策框架。同时，建立地方监管机构，通过制定农园管理细则，并遵照标准监督检查，确保农园的使用效率和正常运行，推动农园良性有序发展。

（2）培育参与机制

调研证实，居民长期参与和自我维护是农园社会资本形成的基础。作为农园建设中的重要参与方，景观设计师的积极介入与合理引导，对居民长久参与机制的建立具有重要作用。自我维护自我管理机制，既要求设计师突破主导项目的思维模式，明确居民的主体地位，又需要设计师拥有跨越学科界限的能力，掌握从规划设计到住区组织的内容，推动"居民参与"策略的发展。景观设计师所需完成的工作包括：调动居民积极性，通过最佳途径帮助居民表达自己对农园的期望，如鼓励居民手绘农园愿景图；激发居民主动性，鼓励居民参与建设活动，培养居民对农园的归属感；选取住区能人，组建种植小组，形成住区居民自治团队。从社区农园长远发展来看，设计师还需要注意农园激励制度的建立，通过积分兑换等方式满足居民的生活需求，推动社区农园的持续运行。

（3）构建多元化功能空间

多元化的功能空间是社区农园能够吸引人们参与的重要因素。在设计中，首先可根据不同群体的使用需求和生理特征，构建不同的种植区域。例如，"梅园"中设置有盲道盲文的种植乐园、兼具休息和观赏功能的迷你花园、带有蹦床沙坑的秘密花园，可满足残障人士、老年人、儿童的参与需求，极大地提升农园参与率。其次，设置与农业相关的功能空间，吸引潜在的参与群体。例如，"创智农园"中住区厨房、公共就餐区、议事区、农夫集市等相关功能空间的配置为都市白领、农学专家、蔬菜销售商等不同社会背景的群体提供交流平台。最后，与传统文化相结合，创造多样化的农业活动，可丰富参与者的体验，扩大农园的影响力，使之成为邻里互动的重要空间。

2. 以培育社会资本为目标的社区农园选址策略

（1）优先利用街道或住区中心闲置地

街道或住区中心闲置地具有可达性较高、面积较大、对外开放程度高、可供服务的居民团体较广泛等综合优势。在产权可以解决的情况下，可优先选择。选取街区中心闲置地进行生产性更新具有诸多优势。首先，它为参与者提供了共同劳动的平台，促进了种植团队成员间的互动；其次，由于街道或住区中心常采用集中式布局，邻近住区服务站、养老机构和行政管理单位，其较强的集聚性与识别性也有利于增加这些单位群体对农园的关注，为农园吸引和招募新成员提供了便利。例如，北京西城区新街口街道"都市菜园"，地处交叉路口，邻近银龄公寓养老机构、第二实验小学和高井幼儿园，且园区周边的交通可达性较高，成为周边老人、儿童等群体的重要活动场地。

（2）开放住区公共服务单位附属场地

与其他用地相比，住区学校、医院、养老机构等公共服务单位的工作人员较为固定，能够管理与监督社区农园运营，其附属场地具有产权较易解决、被征用开发的概率较小的优点。可以采取相关单位与住区居民合作建设的方式。例如，上海梅陇三村社区居委会、住区学校联合梅陇三村"绿主妇"社会组织联合开展了"一平米菜园"的活动。住区学校为住区喜爱种植的居民专门开设了种植课堂，并开放了场地内闲置的草坪，邀请居民根据所学的种植知识进行有农化改造。在居民的悉心照料下，原本废弃的草地成了社区农园。

（3）融入住区公园

将社区农园融入住区公园等小型绿色基础设施，并通过设置合理的使用规范和管理运营制度加强管控，是提高公众参与度的可行路径。与综合公园等大型绿色基础设施相比，住区公园服务的人群数量相对较少，人群间的"熟识度"较高，相应地，居民对于住区公园中建立的农园较易产生认同感和归属感，对农园公共环境的维护意识也较容易建立。此外，社区农园在融入住区公园之前还应协调做好宣传和推广工作，以获得公众对社区农园融入的理解和认同。农园的建设还应符合城市公园设计规范要求。

（4）活化住区消极空间

难以清理的边角地块、脏乱差的卫生死角为住区居民生活带来极大不便，也是当前社区居委会迫切想解决的难题。将这些灰色区域改造为充满活力的社区农园，对于提高住区环境品质，增进邻里互动具有重要意义。例如，北京育园所在的场地被临时彩钢房划分为南北两个部分，北侧空间因无人问津逐渐变为环境恶劣的垃圾场，南侧空间则是居民的临时停车场，脏乱不堪的环境严重干扰了居民的正常生活。在街道、景观设计公司和住区三方的通力合作下，"育园"清理垃圾场地，打通了原本封闭的南北侧空间，通过置入多样化的活动空间，极大地改善了住区环境，激发居民持续参与环境改造的积极性。

3. 以培育社会资本为目标的社区农园空间设计策略

（1）建立开放性社区农园，实现人人共享目标

社区农园可以通过弱化边界要素的分隔作用、设置引导性边界要素两种手段，达到开放性设计的目标。社区农园的边界要素主要包括围墙、栏杆、植物、水体等。弱化方式可以是降低边界要素的高度，也可以通过设置排布稀疏的绿篱、木质或铁质围栏保证视线通透，使农园外围的人能观察到农园的景色和活动。能够起到过渡连接作用的引导性边界要素主要包括水体、小桥，以及具有明显指向性的入口广场、路径。开放性社区农园的边界要素还可发展为具有趣味性的边界空间，吸引人们参与互动，以此达到开放共享的目标。

（2）"因地制宜"地构建公共交往空间

当农园场地规模较大时，在农园规划初期应预留特定面积用于公共交往空间。公共交往空间宜布置在社区农园中心与农园各路径集结的区域，可以使之成为每日前来耕作的居民驻足打招呼问候的重要空间节点，并有效提高往来居民交往频率，如上海的"创智农园"、成都的"智慧农园"。当社区农园可用面积较小时，农园可依托住区已有公共建筑（住区党群服务中心、住区活动中心、住区养老机构、住区教室等），通过共享空间的方式配置公共交往空间。既能避免对种植空间的侵占，又可保障参与者的互动交流，促进社会资本培育。

（3）营造规整有序的种植形式

从调研结果看，规整、组织化、条理化的种植形式更受居民欢迎。营造规整有序的种植形式，对于提高居民尤其是年轻人的参与意愿，培育社会资本具有重要意义。规划设计社区农园时，可以通过建立规则化空间结构和景观形态，营造规整有序的种植形式，方法如下。

① 建立规则化的空间结构，如几何式空间结构

依据一定的几何规则对农园的空间结构进行设定，可以为原本无序的空间引入秩序，是创造理性清晰的种植形式的重要手段。

② 建立规则化的作物形态

无序化的作物形态会极大地降低农园的美观度，从而引发居民反对甚至是社会矛盾，这在种植攀爬类作物的农园中表现得尤为明显。为解决上述问题，一方面，种植者可协商采用统一有序的种植方式进行农作物培育；另一方面，针对攀爬类作物生长形态较难把控的问题，可通过采用统一的垂直种植架等农业设施，维护农园外观。

（4）配置适当比例的观赏性景观

合理配置一定比例的观赏性景观，营造宜人的田园风光，有助于增加农园的视觉吸引力，提高农园参与度。另外，由于观赏性花木能够吸引益虫和鸟类，配置适

当的观赏性景观，还有助于控制农园害虫、帮助农作物授粉。最简单易行的景观配置策略是在农地周边搭配种植少量花木，或以攀援类的观赏性植物搭设绿篱，在不侵占生产性用地的同时，达到丰富景观效果的目的。兼具观赏性和生产性的作物品类繁多，常见的果木类作物包括磨盘柿、果梅、龙爪枣、垂枝桃等；蔬菜类作物包括番茄、包菜等；香草类作物包括罗勒、丁香、薄荷等；药物类作物包括金盏花、麦冬、射干、甘菊等。

（5）构建服务于不同群体的种植园区

调研显示，参与社区农园的主体种类越丰富，参与居民群体的年龄异质化程度越高，越有利于多元化社会网络的建立和居民代际互动。为吸引多类型参与主体，实现人性化设计，可根据不同群体的使用需求和生理特征，构建服务于不同群体的种植园区的设计策略，如服务于残障人士的疗愈园区、服务于老年群体的生产性养老园区和服务于儿童的自然教育园区等（图 3-21）。

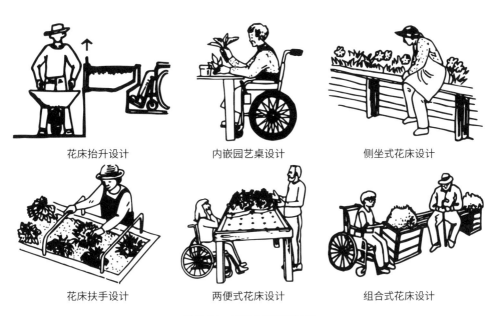

花床抬升设计　　　　内嵌园艺桌设计　　　　侧坐式花床设计

花床扶手设计　　　　两便式花床设计　　　　组合式花床设计

图 3-21　农园中无障碍设施

（来源：陆瑾翊 . 结合下乡养老和康复的市民农园景观设计研究 [D]. 杭州：浙江农林大学，2019.）

除了农园这个局部空间，住区其他绿化空间也可配合无障碍功能提升进行人性化设计改造，采用友善的尺度和形式，方便行动不便的长者和其他轮椅使用者接触；对于缺乏秩序的自发盆栽种植，采取单元模块的方式规范并拓展，构建沿路绿化，不同的高度和空间分别适合老人、儿童、轮椅使用者使用（图 3-22）。

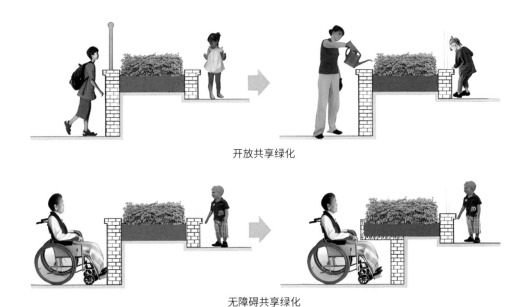

开放共享绿化

无障碍共享绿化

图 3-22　绿化带中的全龄友好设计（于家宁设计）

4

住区生产性更新设计方法

本章以天津市南开区为样本开展住区生产性更新设计方法的研究与应用。在针对外部开放空间、建筑屋顶和建筑立面空间展开专项研究后，统筹多种空间类型与资源开展综合研究。

4.1 开放空间——以培育社会资本为目标的闲置用地生产性更新方法

在开放空间中，未被绿地和其他功能占用的裸露的空地、三地（边角地、夹心地、插花地）、缺乏维护的公园绿地、破败的停车场（城市中停放废弃车辆和自行车的场地）、住区周边的城市闲置土地（《闲置土地处置办法》规定的动工开发日期满一年未动工开发的国有建设用地，以及城市内未被充分利用且衰废的空地），以及其他消极空间（难以清理的边角地块、脏乱差的卫生死角、利用率低下的空间）等"闲置用地"，是最适宜开展绿色生产性更新的空间类型。

需要说明的是，尽管本书的研究对象是既有住区，但是服务于住区的生产性空间并不局限于住区内部。美国学者杰弗里认为农园与城市绿色基础设施的整合程度和社会资本的形成关系密切。相比于远离绿色基础设施的农园，位于公园内部或邻近河岸的农园更易吸引游客、徒步者等潜在群体参与，有利于农园招募新成员、扩大社会网络[1]。类似地，澳大利亚学者金斯利认为社会资本的丰富程度取决于农园的区位选择，位于公园中的社区农园可增加农园参与者与公园游客的接触机会，有利于多样化社会关系的建立[2]。艾萨克·米德等认为公园为农园提供了稳定安全的空间，农园所产生的社会生态效益有利于建立和强化公园中不同个体间的联系。本特等以柏林 4 个社区农园为例，对比研究了不同地理区位对农园社会资本的影响，结果显示位于人流较密集的住区中心、毗邻主街或酒吧等公共空间的社区农园，比位于偏远或隐蔽位置的社区农园，所吸引的参与者数量更多，参与者互动更频繁[3]。

依据闲置用地时间周期不确定、将来会被回收用作他用等特点，本节的生产性更新特指能够在闲置用地上开展的，造价较低、易于操作，且在用地回收用作他用之时，易于拆卸和促进场地恢复的生产方式。例如，种植应季蔬果等生产性更新活动具备作物生长周期短的优势，可在土地闲置期间获得短期经济效益；在场地原始土壤中进行草本生态作物、果树种植等生产性更新活动，可利用植物的生态修复功能提高土壤生态修复的能力，改善土地盐碱性等；开展都市农业的场地多采用可回收材料，如用二次回收木材或集装箱制成或改造成室内工具存放间，用废旧管道、轮胎等制成移动种植箱，这些材料既易于拆卸又节约资源，可满足闲置用地被征用时快速清理场地、减少环境破坏的需求；闲置用地内的生产性作物既易于清理又可作为景观的一部分继续开发，其灵活性特点与闲置用地特征高度契合。

本节总体的方法流程为：在对社会资本理论及其作用机制分析（详见 3.3 节）的基础上，通过调研与相关性关系，得到影响社会资本大小的生产用地选址要素与场地设计要素；以培育社会资本为目标的闲置用地选址研究，包含基于生产适宜性的闲置用地选址和基于城市多重效益的闲置用地选址两个步骤；以培育社会资本为目标的生产性更新设计。

4.1.1 基于社会资本的生产用地选址与场地设计要素分析

以本书 3.2 节中所列的北京、天津、上海、成都、珠三角地区的 35 个代表性社区农园作为研究对象，展开分析。

1. 空间要素与社会资本量化分析 *

（1）空间要素筛选

通过文献研究发现，目前从社会资本视角进行的有关生产性空间规划设计的研究相对较少，已有研究主要集中在选址、场地设计与基础设施三方面（表 4-1）。选址要素包含农园与周边绿色基础设施（公园、河流等）的整合程度、农园可达性、农园面积；场地设计要素包含农园开放程度、农园公共交往空间的设置、农园种植形式、农园非生产性景观的配置、农园文化识别性；基础设施要素包含农业基础设施（工具存放处、农圃标识牌、农耕技术讲解牌等）配置、休闲基础设施（座椅、景观小品等）配置、生态基础设施（堆肥装置、雨水收集装置等）配置与智能基础

---

* 本小节内容修改自作者的论文。参见丁潇颖，张玉坤. 社会资本视角下社区农园空间规划研究 [J]. 城市问题，2020（6）：29-36.

表 4-1　文献中影响社会资本的生产性空间要素汇总

文献作者	研究地点	选址要素			场地设计要素					基础设施要素
		农园与周边绿色基础设施的整合程度	农园可达性	农园面积	农园开放程度	农园公共交往空间的设置	农园种植形式	农园非生产性景观的配置	农园文化识别性	各类基础设施配置
Hou J, et al.	美国	√								
'Yotti' Kingsley J, et al.	澳大利亚	√								
Middle I, et al.	澳大利亚	√								
Drake L, et al.	美国	√								
Veen E J, et al.	荷兰		√							
Sanyé-Mengual E, et al.	意大利		√							
Bendt P, et al.	德国		√							
Da Silva I M, et al.	葡萄牙		√	√						
Simon B, et al.	英国	√		√						
Mast G S, et al.	美国			√						
Costa S, et al.	欧洲				√					
Witheridge J, et al.	澳大利亚				√					
Škamlová L, et al.	斯洛伐克				√					
威尔士政府	英国					√				
刘悦来	中国					√				
Lindemann-Matthies P, et al.	德国						√			
王志芳，等	中国						√	√		
Milburn L A S, et al.	美国		√	√					√	
Payne K, et al.	美国								√	
Hadavi S, et al.	美国									√
蒋鑫，等	中国									√
Karge T	德国									√
Maye D	英国									√
Morckel V	美国							√		
Langemeyer J	西班牙	√		√	√					√

设施配置。由于我国社区农园并未与特定种族、宗教文化相结合，研究排除"农园文化识别性"，最终对选取的 11 项空间规划要素进行分析。

（2）社会资本度量方法确定

社会资本是本研究的因变量。一般而言，经过反复论证的量表的信度和效度较高，为此本研究中社会资本量表借鉴了雷诺特·克莱恩汉斯（Reinout Kleinhans）等[4]编制的"社会资本"量表，该量表包含社会资本的三个维度，即信任、社会网络、规范。但由于规范难以测量，研究参考了沃尔什（Walsh）和克里斯坦森（Christensen）对

表 4-2　社区农园社会资本评估指标

评估内容		评估指标	相关性
信任		1. 一般来说，参加社区农园的居民是值得信赖的	正相关
		2. 我每周都会在社区农园中与其他参与者交换蔬菜、分享工具、互相传授种植经验	正相关
		3. 在过去的一个月中，我曾向社区农园中的其他参与者提供帮助	正相关
		4. 在过去一年中，我曾与农园其他参与者合作开展农园活动	正相关
社会网络	黏合性社会网络	5. 我愿意长期参加社区农园的主要原因是在这里可以认识朋友或与他人交流	正相关
		6. 在过去的两个月中，我曾与在社区农园中新认识的朋友结伴参加农园以外的活动	正相关
	桥联性社会网络	7. 社区农园拉近了我和居委会或社会组织的关系	正相关
		8. 通过参加社区农园，我结交了 2～5 位来自不同社会阶层 / 社会背景的朋友	正相关
社区参与		9. 通过参加社区农园，我更愿意参加住区其他志愿活动并为住区做出贡献	正相关
		10. 通过参加社区农园，我与其他参与者共同建立了住区自治团体	正相关

社区农园社会资本测量的建议，从信任、社会网络与住区参与三个方面度量[5]。本研究结合中国社区农园实际情况，选取 10 项测量条目进行修订（表 4-2）。

（3）量化空间要素与社会资本

针对 35 个案例进行问卷调查，空间要素部分根据要素性质设置评估等级，社会资本部分采用李克特 5 分量表，1～5 分别代表"完全不认同"～"完全认同"。由此将空间本体转化为量化的主观评估数据。调研共发放问卷 1000 份，回收有效问卷 957 份，占总数 95.7%，符合统计要求。

2. 社会资本与空间规划要素的相关性分析

（1）回归分析

利用 SPSS 回归分析工具，探索以空间规划要素为自变量、以社会资本水平为因变量的关系模型（表4-3）。其中，D2、D6 根据不同类别赋值，剩余要素均随着程度或比例的增加取值增大。

表 4-3 空间规划要素的回归分析

要素族	要素集	社会资本（SC）		显著性
		标准化系数 beta	*t*	
常量		—	−4.773	0.000
选址要素	D1 农园与周边绿色基础设施（公园、河流等）的整合程度	−0.222	−5.396	0.000
	D2 农园可达性（从住宅步行到社区农园所需的时长 / h）	−0.233	−7.461	0.000
	D3 农园面积	0.217	6.247	0.000
场地设计要素	D4 农园开放程度	−0.222	16.276	0.000
	D5 农园公共交往空间的设置	−0.233	−1.401	0.161
	D6 农园种植形式	0.217	7.807	0.000
	D7 农园非生产性景观的配置	−0.222	3.058	0.002
基础设施要素	D8 农业基础设施（工具存放处、农圃标识牌、农耕技术讲解牌等）配置	0.114	3.792	0.000
	D9 休闲基础设施（座椅、景观小品等）配置	0.064	1.782	0.075
	D10 生态基础设施（堆肥装置、雨水收集装置等）配置	0.000	−0.010	0.992
	D11 智能基础设施配置	−0.207	−8.817	0.000

在进行回归分析时，由于选取的因变量社会资本属于连续变量，研究主要对自变量进行虚拟化处理，使之符合回归分析要求。由于本研究主要通过回归分析解释不同自变量对因变量社会资本的显著性水平，不进行预测分析，因此在自变量筛选过程中选入 SPSS25.0 线性回归的"输入法"，使所有变量均进入模型，以此查看不同变量的显著性水平。表 4-3 列出了不同空间要素与社区农园社会资本的多元线性回归模型的分析结果。自变量对应的方差膨胀系数（VIF）介于 1.576 与 4.844 之间，

VIF 值小于 10，说明自变量间不存在严重的多重共线性问题[6]。

选址要素中农园可达性和农园面积的显著性水平均小于 0.05，具有较强的统计意义，社会资本和农园与周边绿色基础设施的整合程度的相关性显著性水平较低。场地设计要素中农园开放程度、农园种植形式及农园非生产性景观的配置的显著性水平均小于 0.05，而农园公共交往空间的配置对社会资本的形成影响较小。基础设施要素中农业基础设施配置显著性水平小于 0.05，与社会资本的形成呈正相关关系。

（2）影响社会资本大小的空间规划要素分析

就选址要素而言，农园可达性和农园面积是决定社会资本形成的重要因素。农园可达性的 beta 值为负数，意味着步行时长短、可达性高的社区农园社会资本水平高。结合参与主体特征可知，较短的出行时长为老年人提供了便利，故居住街坊级或 5 分钟生活圈内社区农园的居民参与度、社交活跃度较 10～15 分钟生活圈内农园数值更高。农园面积对社会资本水平的影响表现为正相关，结合访谈可知，在住区种植空间供不应求的现状情况下，农园面积越大，所能提供的种植地块越多，参与种植的人数也越多，农园的社会关系网络随之扩大。农园与周边绿色基础设施的整合程度关联程度与国外理论研究成果不符，这与我国目前公共生产性景观发展状况有关。受用地权属和不同功能间竞争的制约与影响，实践中满足上述条件的优势地块的空间使用权往往难以获得。基于此，生产性空间可充分利用某些产权易于解决的消极空间。

就场地设计要素而言，从调研结果看，未设置矮墙、栏杆的开放式社区农园较半开放式、完全封闭的社区农园更具吸引力。种植形式主要通过改变社区农园视觉形象的方式影响社会资本形成。与大田种植相比，种植槽的应用可使社区农园呈现干净整洁的外在形象，赢得居民的支持与参与，促进社会资本的建立。类似地，适当的非生产性景观配置可强化社区农园的公共观赏价值与美化环境的作用。从调研结果看，公共交往空间的设置对社会资本的形成影响较小。这是因为公共交往空间的社会作用因社区农园的区位不同而不同。以处于高密度住区公共空间资源相对匮乏的上海创智农园和位于城郊紧邻住区活动中心的成都知识农园为例，前者设置的议事厅、咖啡厅等公共空间充当"城市客厅"，对于居民间及居民与合作机构间的互动交流具有积极影响；而后者因为紧邻的住区活动中心已提供类似功能，场地内公共交往空间利用率较低，未对社会资本的培育起到推动作用。

就基础设施要素而言，农业基础设施与社会资本的形成呈正相关。社区农园中多数参与者不具有农业种植经验，配置完善的农业基础设施可降低居民的参与"门槛"，确保农园的正常运行，保障社会资本的顺利建立。例如，种植容器与工具满足基本物质资源需求，农耕技术讲解牌提供必要的种植知识，园圃标识牌划分了私人种植区域以减少种植矛盾。休闲基础设施与生态基础设施的影响较小。与公共交往空间的作用类似，在高密度住区，休闲基础设施的配置可满足不同群体的多样化需求，促进代际互动，如沙坑可提高儿童参与度。然而，在种植需求强烈、用地紧缺的郊区农园中，实用价值较弱但会占用种植面积的休闲基础设施并不受欢迎，参与者更希望获取更多的种植空间，吸纳更多的成员，拓展农园社会关系。值得注意的是，智能基础设施对社会资本的作用表现为负相关。一方面，农园的主要参与群体老年人对智能基础设施的接受度较低；另一方面，智能基础设施所增加的管理维护费用进一步缩小了参与范围。

综合调研与 SPSS 分析结果可知，较短的出行距离、较大的种植面积、开放的农园氛围、适宜的种植形式、适当的非生产性景观配置，以及完善的农业基础设施配置是生产性空间吸引居民参与、培育社会资本的关键性前提，生产性空间的布局和规划设计应尽可能满足上述要求。此外，由于公共交往空间和休闲基础设施因农园区位不同表现出不同的作用结果，对于高密度住区中的社区农园，两种空间规划要素的社会作用不容忽视。生产性空间规划初期仍应预留一定面积用于上述要素的规划布置。鉴于高密度住区用地限制，住区可借力于活动中心、住区学校、办公用房等外在空间，完善农园公共空间的服务功能。

4.1.2 以培育社会资本为目标的生产性用地选址

1. 样本区域选择

本节研究方法的实证应用对象是天津市南开区。南开区是天津市市中心六区人口最多的城区，承担居住、文化教育等功能。密集的人口与住区分布意味着南开区有着较高的食品等生活物资需求。在南开区的一千余个小区中，多数为建于 20 世纪六七十年代的老旧小区，由于年久失修疏于管理，小区内部及周边区域存在较多闲置用地，如街角空地、无人维护的绿化带等。此外，因城市更新建设需要，南开区内的部分老旧小区及棚户区经历了拆迁。调研发现，许多拆除老旧小区后的地块闲置多年而没有开工建设，部分地块闲置长达八年之久，土地资源浪费严重。南开区数量庞大的闲置用地支撑起了城市开展生产性更新活动的基本面。

南开区居民自发种植的现象较为普遍，居民有实现生产性更新的需求。2018年7月和2019年4月期间对居民自发种植的调研显示，南开区共有自发种植点896处（受部分住区禁止外部人员进入、住区物业对调研活动的限制、气候与节气对种植活动的影响，实际的居民自发种植活动要多于调研结果）。如图4-1所示，绝大部分种植点分布于住区内部绿地、宅前空地和一层住户内部庭院中，少部分位于街道花坛等城市外部公共空间。居民因土地稀少和就近原则选择在小区内部的空地进行种植，除自带庭院的一层住户外，其余楼层居民将小区的公共绿地据为己有，更有甚者为获得裸露的土壤而将人行道砖块撬起后就地种植，严重破坏了住区公共基础设施，需要采用系统的方法对这些自发更新的行为进行引导规范。

2. 基于生产适宜性的闲置用地选址

根据选址要素分析结果可知，距离居民生活空间越近、面积越大、与周边绿色基础设施的整合程度越低的生产性空间，对促进社会资本形成的作用越显著。为此，在农园选址过程中，可优先选取满足上述3个条件的地块；对于无法获得上述优势

图4-1　天津市南开区自发种植现状调研 GIS 数据库

地块的住区，可采取一定措施，对不利的空间进行适宜性优化。例如，可在邻近住区的公园中开辟农园，并通过设置明确的管理规则等措施，加以管制，减少用地矛盾。除了上述 3 项要素，用地还应首先具备生产适宜性的基础条件。

（1）闲置用地生产适宜性评估体系构建

首先通过文献分析得出生产适宜性评估因子初始集合；其次，采用层次分析法对评估因子进行重分类，并结合问卷调查的方法，结合社会资本相关因素，对评估因子进行权重赋值；最后，根据文献、条例法规及社会资本相关性分析结果，对评估因子进行量化分级，最终形成一套闲置用地生产适宜性评估体系。

① 评估因子初始集合构建

采用文献阅读分析和频度分析相结合的研究方法，对近 20 年来国内外相关文献中已完成清查工作的案例进行评估系统的研究，作出闲置用地生产适宜性评估因子的频度统计（表 4-4）。

表 4-4　相关文献案例中的闲置用地生产适宜性评估因子的频度统计

文献作者	研究地点	坡度	树冠覆盖率	场地面积	交通可达性	日照条件	灌溉水源	地面透水率	用地性质	场地建造成本	土壤质量	防护设施	高程
Kremer P, et al.	纽约					√							
Chin D, et al.	波士顿	√	√	√	√	√	√	√		√		√	
Berg E, et al.	斯普林菲尔德	√	√	√	√	√		√	√		√	√	
Balmer K, et al.	波特兰	√	√	√		√		√					
Mendes W, et al.	温哥华	√			√								
McClintock N, et al.	奥克兰	√			√	√		√	√				
Sbicca J.	丹佛		√					√	√				
Smith J P, et al.	菲尼克斯	√		√	√			√		√			
Erickson L, et al.	西雅图	√	√		√		√						
Dmochowski J & Cooper W	旧金山				√	√							
Danyluk M	多伦多	√	√	√				√					
Taggart M	克利夫兰	√	√		√		√			√	√		
Mann D	辛辛那提	√	√		√								
Nipen A	哈利法克斯		√				√				√		
梁涛，等	江西	√									√		√
吕墨辰	西安				√					√	√		
频次统计		11	10	10	9	7	5	6	5	4	4	2	1

对既往案例整理得出的 12 个评估因子进行频度排序，其中，"坡度""树冠覆盖率""场地面积"三项在国内外既往清查工作的评估因子中出现的频率高，而频度值最小的两个指标为"防护设施"和"高程"。"防护设施"因子主要适用于国外家庭庭院等私人所有土地，"高程"通常用于表达地貌特征，一般认为高程值越低越适宜进行农业种植活动。根据天津市规划和自然资源局公开的数据，本研究的研究样本区域南开区平均海拔为 3 m，远低于清查案例中高程值评估的最佳标准数值，故剔除"防护设施"和"高程"两项评估因子。由此获得适合本书研究目标城市的评估指标初始集合：坡度、树冠覆盖率、场地面积、交通可达性、日照条件、灌溉水源、地面透水率、用地性质、场地建造成本、土壤质量。场地面积和交通可达性这两个与社会资本相关的选址要素也在生产适宜性评估指标中。

② 评估因子分类

由于评估因子初始集合是从不同国家和城市的闲置用地清查及评估案例中收集获得的，评估因子之间存在着评估目标重叠、个别因子包含次级因子等问题，尚不能作为评估框架的子集进行体系构建，需要采用层次分析法对评估因子进行重分类，构建从单一目标向多准则分解的层次体系框架。

评估体系设两大准则层：自然标准和社会标准。自然标准即闲置用地内的物理评估标准，下设的一级因子有日照条件、灌溉水源、坡度、地面透水率、土壤质量、场地面积，日照条件又由树冠覆盖率和建筑阴影两项因子共同评估；社会标准针对闲置用地的场地安全、成本及场地周围的交通环境等社会与经济因素进行评估，包含的一级因子有场地建造成本、用地性质、交通可达性，交通可达性又由邻近公交站点、邻近停车场地、临近道路三项因子共同评估。

既往案例中评估因子分为筛查和评估两类属性。筛查属性的因子将直接通过硬性指标或条件过滤掉不符合标准的闲置用地，而评估属性的因子则具备评分标准，参与权重赋值。本研究综合文献案例分析结果，一级因子中的土壤质量、场地面积、用地性质三项因子被赋予筛查属性，不参与评估因子的权重赋值。

对南开区开展自发种植的居民进行实地问卷调查，同时通过农商资源网等网络平台向华中农业大学相关专业人员及全国范围内的农业爱好者发放网络问卷，最终统计回收问卷 223 份，剔除种植经历选项为"无"的无效问卷 21 份，剩余有效问卷共计 202 份。采用李克特量表的问卷形式，从有农业种植经验的受访者中获取各项指标的重要程度，以结合评估指标层次分析，在 yaahp 软件平台进行权重计算赋值。

③ 评估因子量化分级

参考国内外清查评估指标的量化设计和相关条例，确定评估体系中每一项指标的量化分级，以对下一阶段清查结果中的潜在用地进行打分评级。量化标准如表 4-5 所示。

表 4-5　闲置用地生产适宜性评估指标量化标准

评估因子				指标量化分级描述				权重
准则层	一级因子	二级因子	评估内容描述	非常适宜 分值 =4	较适宜 分值 =3	较不适宜 分值 =2	不适宜 分值 =1	
自然标准	日照条件	建筑阴影	大寒日日照时长不小于 2 小时的区域面积比例	>66% 且南侧几无遮挡	>66% 且南侧有部分遮挡	33%～66%	≤33%	0.38
		树冠覆盖率	场地内树木的树冠覆盖率	≤25%	25%～50%	50%～75%	>75%	
	灌溉水源		场地与溪流、河湖等水源的距离	≤100 m	100～300 m	300～500 m	>500 m	0.27
	坡度		地面坡度值	≤2°	2°～6°	6°～15°	>15°	0.04
	地面透水率		覆土地面等非硬质铺装地面覆盖率	>80%	80%～50%	20%～50%	≤20%	0.14
	土壤质量		土壤质地和土壤成分综合因子	依据区域土地利用现状数据过滤工业区内的用地				筛查属性
	场地面积		场地的面积	依据文献研究，最小规模农园面积（25 ㎡）以下的地块被过滤				筛查属性
社会标准	场地建造成本		通过影像分析和实地调研确定场地内落叶、建筑碎块等垃圾的清理成本	几乎没有垃圾需要清理	少量可人工清理的垃圾	垃圾清除需要器械和体力劳动的混合	垃圾清除需要动用大型机械	0.11
	用地性质		根据区域土地利用及保护规划图判断场地的用地性质	过滤与城市历史保护区相重叠的用地				筛查属性
	交通可达性	邻近公交站点	场地与公交站点的距离	≤100 m	100～300 m	300～500 m	>500 m	0.06
		邻近停车场地	场地附近有停车场地	≤100 m	100～300 m	300～500 m	>500 m	
		临近道路	场地与相邻人行道之间的距离	≤20 m	20～50 m	50～100 m	>100 m	

（2）闲置用地空间信息获取方法

本研究选取样本为天津市南开区，采用遥感影像目视解译结合 GIS 软件分析的方式进行空间信息获取。由于本研究的用地清查目标闲置用地体现出形态各异的地物特征，其面积也从几十平方米至上千平方米不等，单纯依靠人工目视解译耗时耗力，且不能保证较高的准确度，因此，需要借助 GIS 软件将城市公开的地物数据与谷歌地球高清影像图叠加，再建立目视解译标志以指导具体的目视解译工作，形成一套可复制的、标准化的闲置用地目视解译流程。为保证清查结果的准确性，还需要对目视解译识别获得的闲置用地进行实地验证与考察，剔除误判用地后，GIS 数据库中即存储了研究范围内的闲置用地初始清单。

① 清查数据准备

前期准备阶段收集的数据包括：谷歌高清影像图、南开区建筑轮廓、南开区城市公园分布（表4-6）。

表4-6　闲置用地清查数据说明

数据内容	格式	来源	用途
谷歌高清影像图	tif 图像文件	LocaSpace Viewer	在闲置用地清查阶段进行遥感影像目视解译
南开区建筑轮廓	shp 矢量数据	水经注软件	辅助遥感影像目视解译，过滤城市建筑轮廓，缩小清查区域
南开区城市公园分布	shp 矢量数据	水经注软件	辅助遥感影像目视解译，便于清查缺乏维护的城市公园绿地，降低解译难度

② 建立影像解译标志

解译标志是指能够反映和表现目标物体信息在遥感影像上的各种特征，建立影像解译标志可指导判读者识别影像图上的目标物体，形成一套标准化、可复制的遥感影像目视解译流程（表4-7）。

表 4-7　解译标志说明

对象	颜色	形状	纹形图案	影像结构
城市闲置土地	以土黄色（裸露地表）、翠绿色（防尘网）、黑色（防尘网）为主，常伴有少量杂色，如白色、蓝色、红色	以不规则块状为主	常有少量块状物体和施工痕迹的线状路径不规则地分布于表面	视图比例：1：3000
缺乏维护的公园绿地	草绿色（草地）、土黄色（裸露地表）、少量深绿色（灌木）	以块状、线状为主	无人工建造痕迹，常有不规则点状树木、小型灌木呈斑块状分布	视图比例：1：1000
破败的停车场地	以土黄色、深灰色（裸露地表）为主，常伴有一定量的点状杂色	以规则矩形为主	无网格状等线条明显的铺装划分，表面有点状的颜色不同的车辆分布	视图比例：1：1000
地表裸露的空地	以土黄色（裸露地表）为主	相对闲置土地而言更小的块状	表面粗糙，常以点状、块状等散布疑似垃圾的堆积物	视图比例：1：500

③ 解译过程

在目视解译过程中，不可避免地会受到卫星遥感影像图时序性的影响。因为在特定的时间和季相，同一地物信息很可能会发生无法预估的变化，解译判读标志也会发生变化。同时时序分析有助于判定土地的闲置期，以此推断土地是否为符合国家标准的闲置土地。因此，在目视解译基础上有必要利用时序分析法辅助判断。

具体方法为：对比分析历年遥感影像图，筛查闲置期满一年的闲置土地；对比分析一年多时期遥感影像图，排除气候、阴影遮挡干扰，判断植被生长状况，以确认城市绿化景观的养护情况，筛查出未充分利用的城市绿地。历年遥感影像图数据可从公开的地理空间数据云网站获取，亦可在百度地图、谷歌地图上查看（图4-2）。

图4-2　历年遥感影像时序分析

④ 实地验证与考察

对详细解译的初步结果，要进行实地验证，以检验目视研判的质量和精确度，剔除误判结果。本阶段亦需要对初步清查结果中确认保留的每一处地块进行考察记录，借助无人机影像采集功能确定场地范围及周围环境（图4-3）。

经过详细解译和实地验证与考察，得出南开区十二个街道内闲置用地共62处，总计面积约为758 000 ㎡，约占南开区总面积的0.018%，最终形成闲置用地初始清单。这些土地中城市闲置土地的数量最多，达到28处；地表裸露的空地与缺乏维护的公园绿地数量相当，分别为16处和14处；破败的停车场地数量最少，共计4处。

图4-3 同一场地多角度拍摄验证

（3）闲置用地生产适宜性筛选

① 剔除不满足筛查指标要求的用地

直接剔除不满足土壤质量、场地面积、用地性质三项筛查因子要求的闲置用地，具体包括面积小于25 ㎡（面积值利用GIS属性表计算几何工具获取），位于历史风貌保护区（用地性质数据通过叠加网络公开的天津市南开区历史风貌保护区地图确定）和工业用地（土壤质量评估数据通过叠加天津市规划和自然资源局公开的土地利用规划图工业用地范围确定）范围内的闲置用地。

② 量化各评估指标

在ArcMap软件中将预处理后的评估属性因子数据与经过筛查过滤后的闲置用地数据进行叠加。在预处理阶段已对评估因子栅格数据进行了重分类，将其划分为1～4分四个分段，以确保每一项评估因子数据分段与量化分级标准一致。

日照条件。日照条件包括建筑阴影和树冠覆盖率两项二级评估因子。建筑阴影数据利用GIS平台的Sun Shadow Volume工具对用地周边的建筑进行日照分析。之后，再根据评估因子量化分级标准对闲置用地的建筑阴影遮挡情况进行打分评级，结果如图4-4a所示。树冠覆盖率数据结合实地影像和遥感影像，利用GIS软件编辑器工具创建树冠面积要素，借助属性表的字段计算器将单块闲置用地的树冠面积与场地面积相除得到树冠覆盖率，再依据数值进行打分评级，结果如图4-4b所示。

地面透水率。与树冠覆盖率数据的获取途径相同，通过实地影像和遥感影像目视研判量化场地地面透水率，作为评估因子"地面透水率"的量化数据，评级结果如图 4-4c 所示。

a 建筑阴影   b 树冠覆盖率   c 地面透水率

图 4-4 建筑阴影、树冠覆盖率、地面透水率的数据获取与预处理

交通可达性。交通可达性包括邻近公交站点、邻近停车场地、邻近道路三项二级评估因子，通过水经注软件下载公开的公交站点和停车场地百度 POI 数据及道路数据的方式获得，再将数据导入 GIS 平台进行图层叠加。依据评估因子量化分级标准，采用缓冲区和多环缓冲区工具分别对三项数据进行预处理，再使用要素转栅格工具将矢量数据转换为栅格数据。最后，利用重分类工具将栅格数据进行重分类，使得栅格数据的分值与量化分级标准保持一致（图 4-5）。

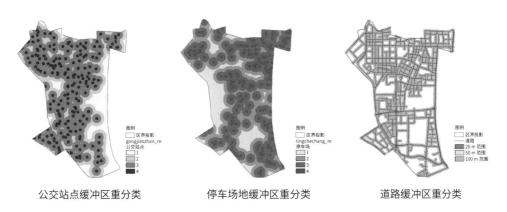

公交站点缓冲区重分类   停车场地缓冲区重分类   道路缓冲区重分类

图 4-5 交通可达性的数据获取与预处理

场地建造成本。以场地垃圾堆积情况作为评估"场地建造成本"的依据（图 4-6a）。

灌溉水源。通过水经注软件下载城市水系矢量数据，依据评估因子量化分级标准，采用缓冲区工具进行预处理，转换为栅格数据后进行重分类（图 4-6b）。

坡度。坡度数据需要通过 DEM 数字高程模型生成。下载南开区 DEM 数字高程模型，导入 GIS 平台，利用表面分析工具中的坡度分析生成南开区坡度数据，重分类结果见图 4-6c。

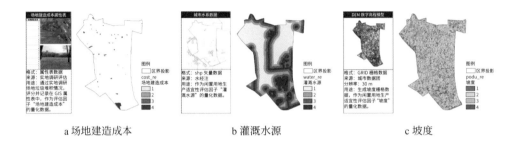

a 场地建造成本   b 灌溉水源   c 坡度

图 4-6　场地建造成本、灌溉水源、坡度的数据获取与预处理

③ 生产适宜性评级与用地筛选

利用 GIS 软件中的加权总和分析工具对栅格叠加数据进行演算，其数学计算公式为：

$$K = \sum_{i=1}^{n} x_i a_i \qquad (4-1)$$

式中：K 为每个栅格单元总分值；i 为第 i 个评估因子；x_i 为第 i 个评估因子的分值；a_i 为第 i 个评估因子的权重。计算评级为较不适宜的闲置用地加权总得分为3分，以此分值为界，将分值大于3分的闲置用地归类为适宜用地。在经过筛查后的61处闲置用地中，共有12块用地未达到适宜性分值，剔除后剩余49块闲置用地，得到闲置用地生产适宜性集合（图 4-7）。

3. 以效益提升为目标的闲置用地二次筛选

在单一地块尺度上筛选出适宜生产的闲置用地后，本研究在城市尺度上对闲置用地进行二次筛选，目的是挑选出有助于提升城市社会效益的闲置用地，判定其开发时序与建设类型，从而将闲置用地生产性更新整合到城市这个庞大的运转系统中，有效提高公共开放空间的土地利用效率。

（1）闲置用地生产性更新类型及其筛选条件

根据3.3节的分析，参与生产性更新的主体种类越丰富、参与居民群体的年龄

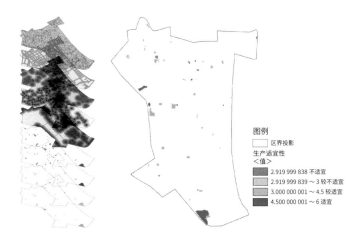

图 4-7　闲置用地生产适宜性集合

异质化程度越高，越有利于多元化社会网络的建立和居民代际互动。因此，根据不同群体的使用需求和生理特征，构建服务于不同群体的生产性更新场地，有助于提高社会资本水平。

本节依据儿童、病人及残障人士、老人等不同的人群划分生产性更新类型，结合影响社会资本大小的选址要素结果——"距离居民生活空间越近、面积越大、与周边绿色基础设施的整合程度越低的生产性空间对促进社会资本形成的作用越显著"进行分析。距离要素：以不同人群的主要生活空间为出发点，筛选步行舒适距离 500 m 范围内的空间，例如在距离学校 500 m 范围内的空间，包括位于校园内部的闲置用地，可作为户外教室进行更新改造，开展如亲子菜园、农业种植等生物知识教学活动。面积要素：可用地初始集合中已剔除面积小于 25 ㎡ 的地块。与周边绿色基础设施的整合程度：剔除距离城市公园 500 m 范围内的用地。这种方式可将"国家园林城市"设定的 500 m 公园绿地服务半径以外的闲置用地作为城市公园的补充，从而将闲置用地作为市民农园纳入城市公园绿地资源中。不同闲置用地生产性更新类型及其用地筛选条件详见表 4-8。

（2）城市尺度下的闲置用地筛选

城市资源要素数据通过爬取公开的百度 POI 数据获得。由于南开区以外但邻近区界的要素的适宜范围（如区界外 500 m 内的医院）会对闲置用地筛选产生影响，

表4-8　闲置用地生产性更新类型及其用地筛选条件

生产性更新类型	描述	更新后的收益	闲置用地筛选条件
户外教室	与公立学校连接作为户外教室，开展农作教育等	通过户外实践学习与生态、农业相关的知识，有积极的教育意义	距离现有公立学校（含幼儿园）500 m范围以内
疗愈花园	与医院连接作为病人及残障人士的疗愈花园	采用劳作疗法，帮助使用者减轻压力，增强使用者的自我康复能力	距离现有医院和康养服务设施500 m范围以内
生产性养老花园	与养老机构及养老服务设施连接作为生产性养老空间	积极养老，实现老人老有所为、老有所乐	距离现有养老机构及养老服务设施500 m范围以内
社区农园	邻近住区花园的场地具有更大可能性作为新的社区农园为附近的居民服务	生产有机食物，为居民创造娱乐和锻炼的机会，激励邻里交往，激活住区花园	距离现有住区花园500 m范围以内
城市公园	作为城市外部开放空间的补充，被纳入城市现有公园绿地资源	提升本具有良好公园设施住区之外的其他住区到公园的可达性，扩大城市公园服务范围，作为市民农园主题公园，丰富市民休闲游玩生活	距离现有城市公园500 m范围以外

因此数据获取范围包括南开区内部和邻近区界的数据。在数据的预处理阶段，调整坐标系后运用缓冲区工具对每个要素的筛选条件范围进行可视化处理，形成满足各自筛选条件的适宜空间范围，叠加形成基于城市多重效益的闲置用地适宜范围，在可用地集合中进行筛选。当闲置用地的一部分与适宜用地范围存在交集时，即可保留该地块。最终筛选结果如图4-8所示。在对49个潜在闲置用地地块进行筛选后，保留了31处闲置用地，其中城市闲置土地15处，缺乏维护的公园绿地8处，破败的停车场地2处，裸露的空地6处。

经过两次筛选后，在GIS平台构建起的天津市南开区闲置用地生产性更新数据库，除了具备基础的空间坐标信息外，数据库中的属性表还记录了每一处闲置用地的地块信息。地块的详细信息是在清查和评估阶段通过实地验证收集分析获取的，包括场地的地理位置、面积，以及周围环境的评估等级等。这些信息被汇总成一份档案表形式的报告清单，记录每一处地块的信息及现场照片，方便政府部门及有意愿参与的社会组织人士进行详细查阅。图4-9显示了天津市南开区某处闲置用地的档案内容。此外，报告中还记录了每一处闲置用地的生产性更新用途，依据生产性更新类型进行分类，得到闲置用地的生产性更新类别集合，在未来的实践阶段可以此为参考对单个地块进行生产性更新改造。

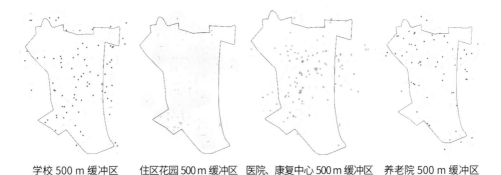

学校 500 m 缓冲区　　住区花园 500 m 缓冲区　医院、康复中心 500 m 缓冲区　养老院 500 m 缓冲区

城市公园 500 m 缓冲区　　闲置用地绿道网络构建适宜性叠加分析

图 4-8　城市资源要素数据分析

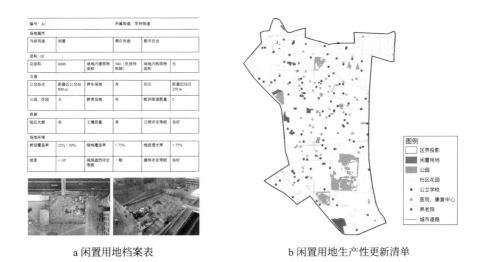

a 闲置用地档案表　　　　　　　　b 闲置用地生产性更新清单

图 4-9　天津市南开区某处闲置用地的档案内容

4.1.3　以培育社会资本为目标的用地生产性更新设计

对点状分散分布的闲置用地进行生产性更新，对于城市粮食生产、城市生态环境改善、区域文化交流的贡献是极其有限的。将闲置用地作为连贯式生产性城市景观规划的连接要素之一，补充到城市绿色资源中，由点及面逐步扩大城市绿道网络，可提升整体生态与社会效益。因此，闲置用地生产性更新设计应从规划和单体两个层面共同实施。在规划层面，借助连贯式生产性景观理念，将闲置用地与城市绿色资源相连；在单体层面，则结合不同生产性更新类型及影响社会资本的场地设计要素展开针对性设计。

1. 连贯式生产性城市景观规划设计

连贯式生产性景观是由城市居民共享的户外种植、休闲、教育、运动和商业空间、自然栖息地、非车辆循环路线和生态廊道。它是一种环境设计策略，其概念的核心是创建开放的城市空间网络，提供连贯的多功能生产性景观，以补充和支持城市建筑环境[7]。它以城市路网为纽带建造适于步行和骑行的慢行系统，串联起各类城市资源要素：城市公园、闲置用地、滨水空间、历史遗迹、公立学校、医院与康养设施、养老院、住区花园等。

在 ArcGIS 平台中，将上述城市资源要素作为空间成本数据叠加后生成成本栅格数据集。结合现有城市道路利用空间成本数据集合在 Modelbuilder 迭代器中进行最低成本路径选线计算，生成城市绿色网络最低成本路径。

此时生成的路径存在重复连接的问题，需要结合城市环境特点进行人工规划设计。例如，优先选取除沿南开区分布的主要水路系统旁的道路，构建滨水生产性景观廊道，再依据最低成本路径与城市资源核密度分析叠加的结果，优先选取串联起城市资源密集区域的路径（图 4-10）。

图 4-11 显示了在 GIS 空间信息中建立的天津市南开区连贯式生产性城市景观规划平面，最终串联了南开区城市公园和闲置用地，依靠滨水空间和未来不同类型的都市农业设计带来连续变化的视觉刺激，同时标记了城市资源要素的空间分布，为规划层面的探索提供空间决策模型的参考。作为线性景观纽带的城市路网增加了供居民绿色出行的健康步道，农业种植土地被放置于道路绿化带内侧以防止交通污染，

同时考虑种植非食用类生产性景观；沿着河岸分布的滨水步道将起到减少城市暴雨水污染、改善城市水文系统、保护自然栖息地的作用，并提供连续不断的景观视觉刺激（图4-12）。

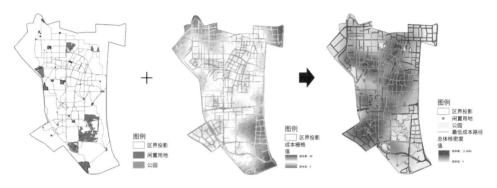

图4-10　最低成本路径与城市资源核密度分析叠加

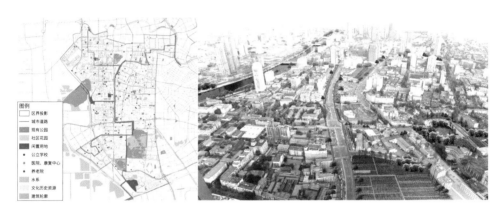

图4-11　南开区连贯式生产性城市景观规划平面与设计设想

图4-12　连贯式生产性城市景观街道空间改造

2. 基于生产性更新类型的闲置用地设计

本研究将闲置用地生产性更新类型划分为户外教室、疗愈花园、生产性养老花园、社区农园和城市公园五大类（对于无法归入其中的废弃停车场地可优先进行光伏能源生产）。结合前文针对社会资本的研究成果——场地设计要素中农园开放程度、视觉形象（种植形式、非生产性景观的配置）对社会资本的影响程度较高，公共交往空间的社会作用因场地的区位不同而不同——在每一种类型的设计中，均以不同人群的使用需求为出发点，并依照空间开放、营造规整有序的种植形式、配置适当比例的观赏性景观、增设必要的农业基础设施，以及根据条件设计公共交往空间与设施的策略，展开设计。

户外教室：须满足儿童行为和心理需求，根据不同年龄段儿童的需求设定适宜的空间尺寸和功能。儿童通过不同形式的自然教育与食育活动获取对四季、成长、收获、售卖、食物加工等的认知，因此用地可依据不同功能进行多种类型的活动场地划分，可适当融入能够刺激儿童感官的元素，激发他们的参与热情与兴趣。在实地设计改造阶段，选取南开区嘉陵道街道一处缺乏维护的住区公园绿地作为生产性更新场地。该地块与住区幼儿园相邻，作为公园绿地的表面却覆盖着防尘网，透过防尘网可见满是尘土的地表。将该地块设计成幼儿园和住区公园的公共活动场地，为幼儿园提供户外教室，开展农艺知识授课、幼儿体验式种植等活动，同时为住区居民提供亲子交流、邻里交往的活动场所（图4-13）。

此外，针对现有的农园构筑物中缺少能够同时满足大龄儿童记录学习并动手进

图4-13 户外教室改造

行实践操作要求的设计这一现状，结合儿童尺度设计了一种供儿童进行学习和种植操作的遮阳种植藤架（图4-14），以满足儿童的多样化需求。该设计将学习记录、种植实践与休憩的功能相结合，同时兼具调节微气候、提高用地利用效率的作用。

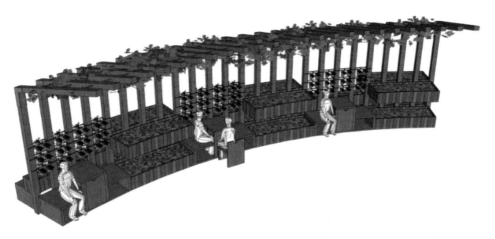

图 4-14　一种含可变桌椅的亲子自然教育种植藤架效果图

疗愈花园：位于医院周边或内部，服务病人或残障人士。疗愈花园应重点关注可达性和安全性等问题，满足无障碍设计要求，如常规的路面宽度、坡度、轮椅回转空间、扶手设置、盲道、盲人标识牌等，还须注意路面用坚硬、平滑、不透水的材料，以使轮椅能轻松进退。除无障碍设计外，农园还应安置抬高的种植床、预留有足够腿部空间的大型种植箱、可升降的种植容器等设施，帮助残障人士参与到农事活动中。在实地设计改造阶段，选取南开区华苑街道天津延安医院旁一处闲置用地，该场地地表裸露、透水，局部地面上铺着防尘罩，有垃圾堆叠现象，场地外围树木和杂草丛生。结合目前场地内部没有遮阳设施的情况，改造方案设置可供遮阳休憩的种植藤架，藤架操作台高度符合轮椅使用者需求。景观中还提高了带有芳香气味的观赏性植物的配置比例，并设置一定的休息、观景、冥想和康复运动空间，以帮助病人身心放松，促进康复（图4-15）。

生产性养老花园：应当充分考虑老年人的使用便利性和安全因素。避免前往场地的道路横穿城市主要交通干道；地面设计中不要设置过多凹凸的台地，保持地面平整。可设置内嵌式园艺桌、带侧座的种植床、带扶手的种植床，方便老年群体实践农艺；同时，结合老年群体喜爱社交的特点，以及需要照顾孙辈的情况，可结合设计儿童活动场地与社交场所。在实地设计改造阶段，选取南开区嘉陵道街道一处用作临时停车空间的闲置用地进行改造设计（图4-16）。

课题组于佳宁同学设计了适宜老人行为尺度的种植单元，如图4-17所示。

图4-15　疗愈花园改造

图4-16　生产性养老花园改造

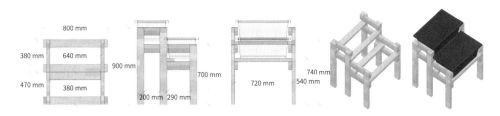

图 4-17　适宜老人行为尺度的种植单元设计（于家宁设计）

社区农园：住区绿地属于住区公共空间，需要防止私人性质的自发种植行为侵占公共空间，而南开区住区自发种植行为众多，一味地制止不如"以疏代堵"，通过住区党群服务中心或社会公益组织牵头建立起完善的社区农园居民自治管理制度。位于南开区王顶堤街道林苑北里外部街道旁的一处裸露的空地，其表面在拆除建筑物后铺上了防尘网，但仍留有一处未拆除的墙体，处于长期闲置状况。在改造设计过程中，考虑将其改造为社区农园以供林苑北里及附近的小区居民开展农业种植活动，同时作为一处街道休闲观景场所，增进邻里交流（图4-18）。

图 4-18　将小区外部裸露的空地改造为社区农园

城市公园：通过对闲置用地进行生产性更新而改造成的城市公园，以都市农业活动为主，辅以一般公园的休闲游憩功能。由于它是开放公共空间，在生产性更新设计中应主要考虑使用人群的互动性、参与性，以及公共空间的游憩属性。城市公园实践改造选取了南开区广开街道的一处闲置土地。该地块与住宅楼相邻，内部杂草丛生、地皮裸露，场地面积达 5000 ㎡，已闲置多年，造成了土地资源浪费。改造策略中将该地块作为以市民农园为主题的城市公园，以健身步道替代原有的水泥道路，贯穿于公园内部。市民农园的主要功能在于提供可租赁的田块，每一块田地上配备家庭旅游休闲房屋，房屋可采用装配式设计以达到便捷可持续的设计目的。此外，公园内配有景观休闲座椅和零售店，以及与都市农业相适应的蔬果售卖点进行现场销售（图4-19）。

图4-19　将城市中心闲置土地改造为城市公园

　　在南开区城市闲置用地的清查中仍然发现了缺乏维护而破败不堪的地面停车场。这类停车场地表裸露，停车设施与车位标识线都受到一定程度的破坏，场地内堆积着数量众多的废弃车辆，已无法为城市居民机动车辆的停放提供服务。对这类停车场进行生产性更新改造，可优先采用架空光伏板的形式，光伏下方仍可继续停车，在提高土地资源利用、缓解城市停车难问题的同时，也可为电动车提供可持续能源。

4.2　建筑屋顶——基于资源潜力的建筑屋顶生产性更新决策方法[*]

城市中存在着大量未被利用的屋顶空间，这些空间表面受太阳直射且很少被遮挡，适合进行农业和能源生产。然而在高密度的城市中，屋顶作为一种有限的资源，如何对其用途进行合理决策与规划，成为屋顶生产性更新的重点。

本节总体的方法流程为：基础信息获取，屋顶生产性更新决策支持，生产性更新设计。

由于住区屋顶数量较少，类型单一，研究将对象范围扩展至街区尺度。为延续前文研究成果，选取天津市南开区学府街道作为实证研究的样本区域。天津市位于中国华北平原的东北部，太阳能资源非常丰富，年平均辐射量为 1431.9 kW·h/ ㎡，近 30 年平均年日照小时数为 2470.9 小时；天津市南开区人口密集，资源需求量大而本地供应率低。因此，天津市南开区具有利用屋顶空间进行食物与能源生产的条件与需求。其中，学府街道面积为 4.7 km²，人口密度较大，新老建筑并存，建筑类型丰富，包括学校、商业、办公、居住等多种典型建筑类型，可为街区屋顶生产性更新提供参考与借鉴。

4.2.1　基础信息获取

1. 空间信息

（1）街区空间信息获取

运用无人机低空信息技术对案例街区进行现场勘测，采集场地内物体的三维数据，继而通过 ContextCapture 软件形成点云模型，快速得到目标街区的三维模型并获取所需数据，再以此为参照，使用三维建模软件犀牛（Rhinoceros）构建街区的三维模型（图 4-20 和图 4-21）。

---

* 本节内容修改自作者的论文。参见 Zheng Jie, Shi Lixian, Zhang Yukun. Decision support methods and tools for productive roof renewal.

图 4-20　运用无人机低空信息技术后通过软件快速获取目标街区的三维模型

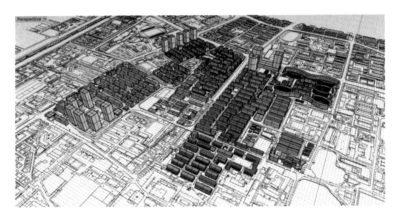

图 4-21　对照点云模型，使用三维建模软件构建街区的三维模型

（2）屋顶空间信息获取

案例街区建筑大部分为平屋顶，仅有菜市场、部分厂房等公共建筑和少量住宅为坡屋顶。其中绝大多数屋顶为不上人屋面，需要进行加固改造后方可承载屋顶种植和屋顶光伏。建筑屋顶朝向良好，可接收露天种植和光伏生产所需的太阳辐射，通过调研航拍统计，案例街区中可进行生产性更新的平屋顶总面积为 196 815 ㎡，坡屋顶的投影面积为 26 535 ㎡，规模巨大，具备较高的生产潜力，适合进行都市农业生产与光伏发电（表 4-9）。

2. 资源信息

（1）资源消耗信息估算

依据全市统计数据估算街区人口消费情况。根据第六次全国人口普查数据，学

表 4-9　闲置用地生产性更新类型及其用地筛选条件

屋顶空间	生产利用面积	可进行生产利用的操作
平屋顶空间	196 815 ㎡	屋顶露天种植、温室种植、屋顶光伏、光伏温室
坡屋顶空间	26 535 ㎡	屋顶光伏

府街道共计 21 254 户，其中男性人口 26 168 人，女性 27 694 人，家庭户人口数与家庭户户数之比为 2.534。经统计，研究所选场地共有家庭户户数 13 603 户，可计算出总人口数为 34 470 人。根据《2023 天津统计年鉴》中的统计数据，以 2022 年天津市城镇居民主要食物的年消费量的统计数值，计算得到人均年蔬菜消耗量为 109.9 kg。能源消费方面，学府街道住区由天津市统一供电，居民人均消费量相差较大，本研究参照年鉴中城镇居民人均年电力消费标准 1120 千瓦时。

（2）屋顶生产性更新策略基础数据

本研究中采用的生产性更新的策略限定为目前较为成熟的四种屋顶生产性更新解决方案，包括露天种植、屋顶光伏、屋顶温室、光伏温室（表 4-10 和图 4-22），

表 4-10　四种屋顶生产性更新策略

屋顶系统	定义
露天种植	基本农业栽培系统配置，不需要温室或温度、光照和湿度的最佳控制
屋顶光伏	安装光伏电池板并产生可持续的电力
屋顶温室	先进的温室系统，具有良好的温度、照明和湿度控制
光伏温室	同屋顶温室，温室上覆盖光伏组件，提供部分能源

图 4-22　四种屋顶生产性更新策略示意图

相关基础数据的获取途径为相关文献与规范。

露天种植更新策略的经济环境数据参考屋顶绿化，结构参考《屋面工程技术规范》（GB 50345—2012），包括种植隔热层、保护层、耐根穿刺防水层、防水层、找平层、保温层、找平层、找坡层和结构层[6]。造价通过咨询天津市当地建造商获得，由于不同建造商报价存在差异，本研究取值为 800 元 / m²。结构的全球变暖潜能值参考对绿色屋顶的生命周期评估[7]。需水量方面，相关研究表明，屋顶露天种植的需水量与大田种植接近。根据《市水务局关于印发〈天津市工业用水定额〉〈天津市建筑和生活服务业用水定额〉〈天津市农业用水定额〉的通知》（津水综〔2023〕16 号）的附件 3《农业用水定额》，天津市采用微灌灌水技术的露天种植茄果作物灌溉定额为 133 L / m²，露天农业电力消耗主要源自灌溉用电，每千克茄果灌溉所需的电力约为 0.13 kW·h/ m²。

屋顶光伏系统更新策略。光伏组件选用单晶硅。单晶硅是目前普遍使用的光伏发电材料，单晶硅太阳电池在硅基太阳电池中技术成熟，相对多晶硅和非晶硅太阳电池，其光电转化效率更高。对于屋顶光伏系统的环境参数参考屋顶集成光伏的全生命周期分析。同时由于案例街区中存在大量平屋顶建筑，屋顶光伏中包括了钢结构的斜坡结构。

屋顶温室与屋顶光伏温室更新策略。由于缺乏中国的相关研究，屋顶温室与屋顶光伏温室的生命周期数据参考过往关于地中海地区的屋顶温室的全生命周期研究。西红柿（代表性茄果）产量为每平方米 75 kg。温室结构由钢结构承重，外覆刚性聚碳酸酯围护结构和聚乙烯制成的内部遮阳膜[8]。为减少屋顶荷载，提高农业生产效率，屋顶温室通常采用水培技术。温室水培种植相比露天种植更加节水，为露天种植用水的 1/10 ~ 1/4，本研究取平均值为 23.275 L / m²。温室的电力消耗除了水培灌溉用电之外，还包括了设备、照明、加热、冷却用电，以保持最适宜作物生长的温度、照明、湿度等物理条件。根据里斯本的一项对于屋顶温室能耗模拟研究的结果，屋顶温室和光伏温室的能耗为 53 kW·h/ m² 和 81 kW·h/ m²[6]。

表 4-11 显示了每种屋顶对应的经济与环境参数，其中屋顶系统的造价来源于当地运营商。由于缺乏我国屋顶系统的数据，环境数据参考了 Khadija Benis 等在葡萄牙研究的模拟数据[6, 7, 9]。

表 4-11　屋顶系统的经济与环境参数

生产性更新策略	露天种植	屋顶光伏	屋顶温室	光伏温室
造价 /（元 / ㎡）	300	1500	800	1550
设备 GWP*	1.311	—	24.702	24.702
建造 GWP	21.712	24	24.651	37.731
基质与肥料 /（元 / ㎡·年）	0.0008		0.047	0.118
耗水量 /（L/ ㎡·年）	133		23.275	23.275
耗电量 /（kW·h/ ㎡）	0.13	—	53	81

4.2.2　屋顶生产性更新决策支持

1. 环境模拟

（1）环境影响因素分析

对屋顶生产性更新策略有影响的环境因素主要是太阳辐射、日照时长、温度、水、大气等。由于本研究的研究对象为城市街区，在街区尺度下，温度、水、大气、土壤环境大致相同，太阳辐射是驱动作物生长和光伏产电的主要能源，而城市街区环境的建筑形态与建筑之间的相互遮挡关系会影响不同位置所接收到的太阳辐射量，所以需要进行模拟计算的环境数据为太阳辐射量和日照时长，而温度、空气湿度、大气透明度等环境数据将直接代入生产潜力计算模型中。

（2）日照模拟

本研究采用 Grasshopper 平台中的 Ladybug 插件进行日照模拟，得到目标街区建筑屋顶的日照时长和年度辐射总量，以此来确定满足进行生产性更新日照条件的屋顶。

模拟具体使用步骤如下：导入通过 CSWD 气象数据库获得的项目所在地年度气候数据，使用 Ladybug 插件中的 "Sunpath" 和 "Sky Matrix" 组件来设置日期和时间（本

---

* 考察物质的气体逸散到大气中对大气变暖的直接潜在影响程度，用全球变暖潜能值 GWP（global warming potential）表示，它是一个没有单位的数字。规定以 CO_2 的温室影响作为基准，取 CO_2 的 GWP 值为 1，其他物质的 GWP 是相对于 CO_2 的比较值。

研究需要测得年日照总辐射量，因此使用 Analysis Period 电池，设置起始日期为 1 月 1 日，终止日期为 12 月 31 日，即得全年模拟时段）；建立一个包括直射辐射、漫射辐射的天津市天空穹顶模型，设置 Cumulative Sky Matrix 电池，电池中导入气象数据中的直射和漫射辐射值；用 Area 计算街区屋顶总表面积；使用 Ladybug 插件中的"Ladybug Radiation Analysis"组件来进行日照分析。将其连接到建筑模型、太阳路径和天空上，通过 Direct Sun Hours 主运算器模拟并计算结果；使用 Ladybug 插件中的"Honeybee_Radiation Results"组件来查看日照分析结果，辐射的数值以逐小时的形式显示在表格中，可视化结果以图像方式呈现在"犀牛"视窗中，可直观地看到太阳辐射在屋顶表面的强度分布。

（3）基于辐射条件的屋顶筛查

以上文方法得到了每个屋顶平面所接收到的全年辐射。农业生产方面，剔除日照时长不满足作物生长最低需求的屋顶；光伏发电方面，剔除单位面积的全年太阳辐射量低于辐射阈值的屋顶。下文将利用每个屋顶的全年辐射量计算出露天种植和屋顶光伏策略下每个屋顶的农业或光伏生产潜力（温室由于条件恒定，其农业生长潜力由资料数据获得）。

2. 资源生产潜力模拟

（1）露天种植农业生产潜力评估方法

植物生长实际上就是通过光合作用将太阳能转换为生物质能的过程，同时也受到温度、水、土壤等环境因素影响。对于城市街区屋顶生产性更新而言，除温度外，水、土壤等因素均可以通过人工控制达到最佳状态，所以在本书研究中主要考虑太阳辐射与温度的影响，构建一个光温生产潜力模型；同时考虑到不同的屋顶农业生产策略，该模型也应根据不同种植策略的产量进行系数修正。

本研究所使用的农业生产光温模型是在卢米斯模型的基础上改良的，增加了温度与种植方式的修正系数。该模型对植物光合作用进行模拟和计算，光合作用主要分为以下三个阶段。

第一阶段为能源和原料的输送阶段，该阶段是光通过辐射进入植物叶绿素中进行光合作用的过程。在这一阶段中，并非所有的光能都可以被植物充分利用，作物吸收的阳光部分反射回大气，部分透过植物至地面，还有一部分作用于非光合作用的器官。植物形态与密度都会影响能量获取。同时，植物吸收的光不仅用于光合作用，也用于蒸腾和热交换。

第二阶段为能量转化阶段，该阶段是将上一阶段被植物光合作用器官吸收的光能转换为生物能的过程。在该阶段中，光合作用强度受到光饱和点制约，即光照强度超过光饱和点时，光合作用强度不随光照强度增大而增大，而会无限逼近一个最高值，该现象被称为光饱和现象。该阶段的光合作用还受到量子效率和二氧化碳浓度的影响。

第三阶段为生物化学阶段，该阶段是将植物光合作用合成的碳水化合物用于生长发育和转运到其他器官中储存的过程。在生产潜力计算中，应考虑有机物被运输到果实的比例。

卢米斯模型主要考虑了作物生长第一阶段和第二阶段，在计算农业生产潜力时，应该计算作物可食部分的质量，需要用第一和第二阶段的产量乘第三阶段运输到可食用器官中的比例。本研究使用了一种改良的卢米斯模型[10]，由于研究对象为街区尺度的城市建成环境，因此重点考虑了太阳辐射总量和种植策略两种影响因子。鉴于其他影响因子能够通过种植技术的控制达到较为理想的状态，所以本研究在该机制模型的基础上，引入基于种植方式的生产潜力系数进行修正。该系数以传统大田种植方式为基准，与其他种植方式的生产潜力进行比较，以确定不同种植方式的潜力系数值。

露天种植生产潜力模型如下：

$$f = q \cdot 1.768 \times 10^{-8} \times (1-\alpha-\beta)(1-\gamma) \cdot w_t \qquad (4\text{-}2)$$

式中：f 为露天种植农业单位面积生产潜力；w_t 为温度修正系数；α 为反射率（在整个作物生长发育期间，可写成随叶面积增长的线性函数：$\alpha = 0.83\, L_i/L_0$，式中 L_0 为最大叶面积指数，L_i 为某一时段的叶面积指数）；β 为漏射率，漏射于土面的光量随不同作物群体及不同生长发育期而异；γ 为光饱和限制，即超过光饱和点的光的比例；q 为单位时间单位面积上所投射的太阳总辐射，单位为 $kW \cdot h/m^2$。

其中，根据大量实验资料[11]，相对光合速率与温度的实验式可以表示为：

$$w_t = 4.301 \times 10^{-2} t - 5.771 \times 10^{-4} t^2 \qquad (4\text{-}3)$$

式中：t 为年平均温度，单位为 ℃。

对于非露天种植的情况，引入修正系数 C_z，以露天种植的生产潜力作为该系数的取值基准，将在相似地域气候条件下其他种植方式的生产潜力与之进行比较，确定不同种植方式的潜力影响系数值。

由此得到非露天种植条件下不同生产方式的单位面积生产潜力模型：

$$f_i = C_z \cdot q \cdot 1.768 \times 10^{-8} \times (1 - \alpha - \beta)(1 - \gamma) \cdot w_t \qquad (4\text{-}4)$$

式中：f_i 为考虑了种植方式影响的非露天种植单位生产潜力，单位为 kg/ha；C_z 为不同种植方式对应的影响系数的值，可通过文献查阅、实验等多种方式计算获得。

总农业生产潜力 F 为不同地点（太阳辐射 q_i 值不同）、不同生产方式（生产方式修正系数 C_z 不同）下单位生产潜力 f_i 与其所占用的生产面积 S_i 的乘积之和，带入生产潜力模型后得公式 4-5。

$$F = \sum C_{zi} \cdot S_i \cdot q_i \cdot 1.768 \times 10^{-8} \times (1 - \alpha - \beta)(1 - \gamma) \cdot w_t \qquad (4\text{-}5)$$

（2）露天种植农业生产潜力模拟平台

根据上述公式原理，在使用 Grasshopper 平台中建立运算器，用于模拟计算。

温度修正系数。将 EPW 气象数据带入公式计算可得，例如天津市全年平均气温为 12.6 ℃。

露天种植生产潜力模型。将露天种植生产潜力模型 [式（4-2）] 写入 Expression Designer 电池组，预留反射率 α、漏射率 β、光饱和限制 γ 和温度修正系数的输入端口，输出端连接 Panel 显示面板，输出单位面积的生产潜力。

总产量与经济收益。使用几何体电池直接读取爬取的屋顶面积，根据面积与单位产量，计算露天种植的总产量，再根据种植系数计算在特定种植方式下的蔬菜总产量和经济收益。

整合得到包含输入端、模拟器及输出端的农业模拟平台（图 4-23），进而计算

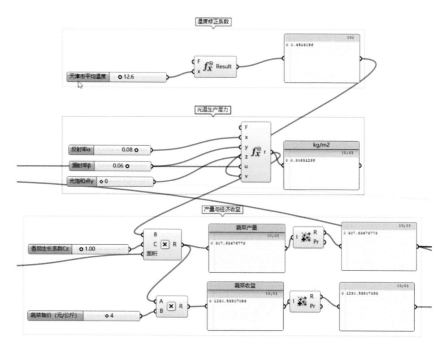

图 4-23　农业模拟平台

具有农业生产适宜性的街区建筑屋顶,全部实施露天种植农业生产性更新后的产量。

（3）光伏生产潜力评估方法

城市街区屋顶的光伏生产潜力会受到所在区位太阳总辐射、街区建筑环境、光伏设备类型等多种因素的影响,因此既有研究多从太阳能物理潜力、地理潜力和技术潜力三个方面对光伏生产潜力进行综合评估,本研究延续该方法。

太阳能物理潜力是街区屋顶所能接收到的最大太阳辐射总量,由所在地域的经纬度、太阳辐射强度等因素决定。据 CSWD 气象数据库数据,天津市年度平均辐射量为 1431.9 kW·h/㎡。

地理潜力是指建筑屋顶在周边环境的遮挡下,适宜利用的太阳能资源潜力。在城市街区中,建筑物之间的互相遮挡、反射等因素会对太阳能的利用产生影响。地理潜力是指在建筑集成太阳能应用的视角下考虑的太阳能潜力,也是建筑学科唯一可"发力"的因素。

技术潜力是指在光伏组件效率和设备效率等技术因素的考虑下,可实现的太阳能能源生产潜力。光伏组件的接收辐射能、间距设置、转换效率及系统损耗等因素都会影响技术潜力的实现。技术潜力的计算综合考虑了辐射潜力和安装潜力，随着光伏技术和社会经济的不断发展，技术潜力将会不断提高。光伏生产潜力的计算是根据辐射模拟的结果，综合考虑光电转换效率、安装面积、综合效率系数和衰减率。根据光伏生产潜力分层评估理论，光伏生产潜力计算公式如下：

$$E_e = I_G \cdot \eta_{PV} \cdot A_{PV} \cdot K \cdot (1-R_d)^{N-1} \qquad (4\text{-}6)$$

式中：E_e 为每个屋顶的年产电总量；I_G 为屋顶表面每年积累的太阳辐射量，由辐射模拟得到；η_{PV} 为模块的光电转换效率，由光伏模块类型决定，因为目前光伏组件技术在不断进步，光伏组件效率在不断提升；A_{PV} 为模块的安装面积，建筑物屋顶并不等同于光伏安装面积，造成面积折损的主要影响因素有建筑物屋顶安装的通风、管道、太阳能热水器等设备所占用的面积，出屋面建筑构件和构筑物所占用面积及其阴影的影响，组件安装时的预留空隙造成的面积折损，具体的折减系数须根据街区的建筑类型、年代等做出类型学分析后得出；K 为综合效率系数，又称能效比，用于表示整个系统从输入端到输出端的转换效率，它反映了整个光伏系统由逆变器、温度、遮挡、灰尘、电路损耗等一系列原因造成的能量损失后的系统效率；R_d 为光伏系统的衰减率，N 为光伏系统的生命周期。

（4）光伏生产潜力模拟平台

本研究使用了 Ladybug 自带的光伏模拟工具 Photovoltaics Surface，其原理与式（4-6）相同，将周围环境的反射率、可安装面积、光伏组件效率、综合效率等因素考虑在内，并预留了输入端口，且有多种光伏组件规格可供使用，常用于模拟晶体硅和薄膜组件。

第一步，使用 Simplified Photovoltaics Module 电池组建立光伏系统模型，通过设置安装类型、模块效率、温度系数和模块有效面积百分比来定义光伏系统。模块效率是光伏组件输出的电能与太阳输出的太阳能之比，目前晶体硅光伏组件的典型组件效率范围为14%～22%，本研究采用相对保守的数值15%。温度系数用于衡量温度对光伏模块直流输出功率的影响，晶体硅组件的影响范围为－0.44%/℃～－0.5%/℃，本研究取值－0.5%/℃。模块有效面积百分比是指能够进行发电的晶体硅面板占总模块面积的百分比，考虑了支撑光伏组件的框架与组件之间的缝隙，本研究取值 90%。

第二步，通过 Photovoltaics Surface 主运算器计算光伏的电力产量，输出端口依次连接 Open weather file 读取气象文件，PVsurface 连接爬取到 Brep 中的屋顶平面，PVmoduleSetting 连接第一步中 Simplified Photovoltaics Module 的输出端，运行该程序，可在输出端 ACenergyPerHour 得到逐小时的光伏产电量，相加可得全年产电总量。

整合得到包含光伏组件建模、光伏产电计算和数据处理三部分的光伏模拟平台（图 4-24），进而计算具有光伏生产适宜性的街区建筑屋顶全部实施光伏生产性更新后的产量。

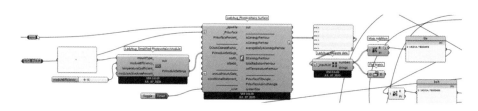

图 4-24　光伏模拟平台

3. 多目标优化决策

（1）多目标分析

资源生产潜力（及其所需的太阳辐射量）是决定某个屋顶采用哪种生产性更新策略的重要因素。鉴于每种策略对屋顶太阳辐射的需求不尽相同，例如露天农业完全依赖太阳辐射，而屋顶温室可以通过温室内的光照设备补充光照，使光照始终维持在高光合作用的水平。所以，对城市建筑屋顶的用途进行合理化分配，将对光照需求高的生产性更新策略使用在日照条件较好的屋顶，而将对光照需求低、可利用设备进行补充光照的策略使用在日照条件较差的屋顶，可对街区屋顶实现高效合理的利用，即通过与高低技术的生产性更新策略的搭配，在有限的屋顶面积上实现更高的产量。

经济因素也是生产性更新中应当考虑的重点问题。现阶段，我国城市更新所使用的资金主要有各级财政资金、社会投入资金、物业权利人自筹资金和市场化融资资金等。无论哪种资金，更新项目的资金预算都决定着城市更新项目能否成功推进和运行。在"十四五"规划的指导下，城市更新应力求保持较低的债务率，同时实现城市更新升级和可持续发展。在屋顶生产性更新中，高技术应用的生产策略往往资源产量更高，但投资成本也更高，所以更新成本与资源产量成为相互冲突的目标。

除产量与经济成本之外，屋顶生产性更新的环境影响、社会效益及后续的经济效益等也是生产性更新过程中应该考虑的重要因素。本研究（基于资源潜力的建筑屋顶生产性更新决策方法）重点关注潜力产量，因此将研究模型的目标简化为农业生产潜力最大化、光伏生产潜力最大化、投入成本最小化这三个目标。

（2）街区屋顶多目标优化决策方法

本研究采用非支配排序遗传算法Ⅱ（NSGA-Ⅱ），以目标街区屋顶的利用用途为变量，以两类资源潜力和成本为目标进行优化，得到所选用生产策略在街区屋顶的最优实施方案集合——由于多个目标之间存在相互制约的关系，所以得到的方案并不是唯一的最优解，而是一个帕累托最优解集，这为决策者提供了一个较优的选择空间。

遗传算法目标函数表达如下：

$$F_{\max} = \sum C_{zi} \cdot S_i \cdot q_i \cdot 1.768 \times 10^{-8} \times (1-\alpha-\beta)(1-\gamma) \cdot w_{t\,\max} \qquad (4\text{-}7)$$

$$E_{\max} = I_G \cdot \eta_{PV} \cdot A_{PV} \cdot K \cdot (1-R_d)^{N-1}{}_{\max} \qquad (4\text{-}8)$$

式中指标含义详见式（4-2）～式（4-6）。

$$\text{Investment}_{\min} = \sum_{f=1}^{n} \text{Cost}_f \cdot s_f + \sum_{e=1}^{m} \text{Cost}_e \cdot s_{e\,\min} \qquad (4\text{-}9)$$

式中：Investment为初始投资，单位为元；n 为屋顶农业生产更新策略的种类数；$Cost_f$ 为屋顶农业生产中 f 类生产形式的单位造价，单位为元/㎡；s_f 为 f 类食物生产方式可进行生产利用的面积，单位为㎡；m 为屋顶电力生产更新策略的种类数；s_e 为 e 类电力生产可进行生产利用的面积，单位为㎡；$Cost_e$ 为屋顶光伏生产中 e 类生产形式的单位造价，单位为元/(kW·h)。

$Cost_{\min}$ 成本根据具体使用策略而定，不同策略的成本均应通过市场调研得到。

约束条件为：

$$\text{Number}_{\text{Roof}} \geqslant \sum_{s=1}^{s} \text{Roof}_s \qquad (4\text{-}10)$$

式中：$Number_{Roof}$ 为目标街区屋顶总数；s 为 s 类生产策略；$Roof_s$ 为 s 类生产策略所应用屋顶数量。

（3）同一屋顶中不同生产策略的优先决策方法

研究设定一块屋顶只能使用一种更新策略，更新策略的实施以屋顶作为最小单元进行。对于同一屋顶同时适用于多种生产性更新策略的情况，由于不同资源的生产效率和需求不同，因此本研究从供需角度出发，引入了资源自给自足成本收益系数，来衡量屋顶在实施某种特定生产策略时对街区整体需求的贡献程度，并根据该系数进行屋顶策略的选用与剔除。具体公式表述为：

$$Self_k = \frac{Yield_k}{Population \cdot Per_k \cdot Cost_k \cdot x_k} \times 100\% \qquad (4\text{-}11)$$

式中：$Self_k$ 为屋顶自给自足成本收益系数；$Yield_k$ 为 k 类生产策略的年平均产量；$Population$ 为街区总人口，数据来自第七次全国人口普查；Per_k 为人均资源需求量，数据来源于《2021天津统计年鉴》；$Cost_k$ 为 k 类生产策略的单位造价；x_k 为使用 k 类生产策略进行更新的屋顶面积。

计算出街区屋顶在使用不同生产性更新策略时的自给自足系数，并按照自给自足贡献由大到小排序。在算法中设定生产性更新策略选取的优先顺序，如会优先将选定资源的生产策略使用在辐射条件较好的屋顶，与此同时，为降低更新工程量和对环境的影响，将优先选取更新难度最低的生产方式；当更新难度最低的生产方式不能满足产量需求时，将触发生产强度较高的生产策略。通过自给自足系数依次选择屋顶的生产性更新策略，由此将多目标优化的变量由各生产性更新策略的面积转变为各生产性更新策略所使用屋顶的百分比，优化所得结果能够直接确定具体屋顶的更新方式。

（4）多目标优化平台

步骤 1，在"犀牛"中爬取适宜更新的屋顶平面进入 Grasshopper 中，此时，全部屋顶属于同一个几何体，使用清单项（List Item）创立与屋顶数相同的列表，使每一块屋顶成为一个独立的单元。

步骤 2，根据农业生产潜力评估平台和光伏生产潜力评估平台分别计算出每一块街区屋顶在露天种植、屋顶光伏、屋顶温室和光伏温室四种生产策略下的产量，并通过式（4-11）计算屋顶在不同生产策略下的自给自足系数。由于屋顶数量较多，本研究使用了基于 Grasshopper 平台的 TT Box 工具进行迭代计算，将运算结果批量输出为 Excel 文件。

步骤 3，按照生产方式的不同，将每个屋顶的自给自足系数以列表的形式导入 Grasshopper 的 Panel 中，并按照由高到低的顺序进行排列，列表中顺序靠前的屋顶说明其在该生产策略下产量更高，在多目标优化时会被程序优先选择。

步骤 4，使用数字滑块（Number Slider）创立一个滑块来显示应用屋顶露天种植策略的屋顶数量与总屋顶数量的比例(%)，然后依次连接清单项和比较运算（Larger Than）电池，将露天种植自给自足系数列表中排序在该比例范围之内的屋顶选中，作为应用屋顶露天种植策略的屋顶。为了实现功能模块之间的联动，利用 Dispath 电池将列表中的项目调度到两个列表中去，一个列表内为选用的屋顶，另一个列表为未被选用的屋顶。

步骤 5，第二次选择只能在未被利用的屋顶中进行，在屋顶光伏自给自足系数列表中剔除已经被选择用于露天种植的屋顶，然后按照屋顶光伏自给自足系数由大到小进行排列，创立一个数字滑块来显示应用屋顶光伏策略的屋顶数量与剩余屋顶数量的比例（%），再依次连接清单项和比较运算电池，将屋顶光伏自给自足系数列表中排序在该比例范围之内的屋顶选中，作为应用屋顶光伏更新策略的屋顶。

第三次筛选与第四次筛选以此类推。需要强调的是，本节操作中创立的数字滑块显示的比例为多目标优化的变量，具体数值需要进行多目标优化后才能得出。

步骤 6，使用潜力评估平台，将输入端的面积分别与步骤 4 和步骤 5 中应用各生产策略的屋顶几何体相连接，建立变量与目标之间的联系。潜力评估平台的输出端为每种策略下的资源产量，将露天种植、屋顶温室、光伏温室的农业产量相加，得到农业总产量，用数字（Number）电池表示为数值；将屋顶光伏与温室光伏所生产的电力相加，得到电力总产量，同样使用数字电池表示为数值。

步骤 7，根据相关文献与市场调研数据，将生产策略的单位造价分别与对应面积进行连接，得到四种更新策略的总初始投入。

步骤 8，用 Octopus 插件进行多目标优化，该插件内置了 NSGA-Ⅱ遗传算法。

遗传算法中设定种群数量为 20，最大代数 15，交叉率 0.9，变异概率 0.10，精英比例 0.50。将 Octopus 主运算器的 Genome 端口连接到步骤 4 和步骤 5 中的数字滑块电池，Octopus 端口连接到步骤 6 和步骤 7 中的农业总产量、电力总产量和总初始投入三个数字电池。运行程序，得到优化后的帕累托最优解集，方案以可视化的形式呈现在"犀牛"视窗。

4.2.3　生产性更新设计应用

1. 多目标优化结果分析

（1）帕累托图解读

针对天津市学府街道应用屋顶生产性更新决策方法，生成了 57 种满足农业产量、电力产量和初始投入三个目标的帕累托最优解方案。如图 4-25 所示，随着初始投入的增加，蔬菜总产量提高，这意味着生产性更新初始投入的增加有利于提高都市农业系统的总产量；而光伏的电力总产量则与初始投入呈现出反比关系，同时随着光伏的电力总产量的增加，蔬菜总产量也呈现出明显的下降趋势。总之，解集在双直角坐标系中的分布很好地反映了三个目标之间冲突的关系。

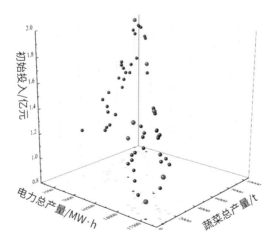

图 4-25　学府街道建筑屋顶生产性更新帕累托最优解分布

（2）生产性更新策略比例分析

图4-26显示了帕累托最优解的各系统占用屋顶的比例。露天种植的分布较为稳定，约有77%的方案集中在25%之内这个区间；屋顶温室和屋顶光伏所占比例分布较为均匀，分别为3.43%至72.67%和1.11%至65.33%，而光伏温室所占街区屋顶比例普遍较小，仅有9种方案比例超过10%。

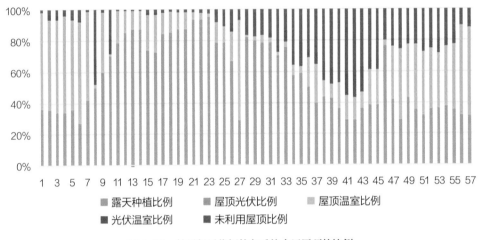

图4-26　帕累托最优解的各系统占用屋顶的比例

从屋顶更新系统的比例可以看出，虽然露天种植的更新成本较低，但产量受太阳辐射的影响较大，在辐射条件较差的屋顶产量太低，所以露天种植的比例会固定在1/4左右；而光伏温室受到更新成本的制约，不适合大面积应用，比较适合作为农业和光伏生产的补充。相比以上两种生产策略，屋顶温室的产量与成本较为均衡，且对外界环境条件的依赖度较低，所以适合作为提高农业产量的屋顶策略而大量应用。值得一提的是，想要达到最优的街区整体性能，未必需要对全部屋顶都进行更新，减少更新屋顶的数量无疑会减少成本与环境影响，同时也能保持更好的整体绩效。

（3）生产性更新策略与自给自足潜力的相关性分析

图4-27显示了所有方案中的农业（茄果）和能源的自给自足潜力。57种方案中有29种方案能够满足农业的自给自足目标；而能源自给自足潜力则与屋顶光伏面积呈正相关关系，分布在3.17%与51.44%之间。这说明相较于光伏生产，农业生产更容易满足自给自足目标。

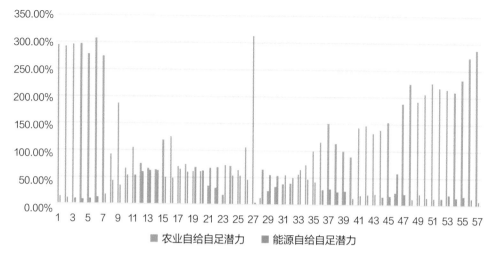

图 4-27　生产性更新策略与自给自足潜力的相关性分析

结合屋顶生产性更新策略的比例来看，光伏的电力产量与屋顶光伏的装机数量成明显的正相关关系，而影响农业自给自足潜力的是屋顶温室的面积，并非露天种植。蔬菜产量随着屋顶温室比例的增大而提高，但露天种植始终维持在一个稳定的区间。这种结果是由于农业可以使用水培温室技术来大幅度提高产量，而屋顶光伏则受限于光伏系统的发电效率，只能通过提高光伏装机数量来提高产量。

2. 生产性更新规划设计

以 50 号方案为例进行生产性更新设计，其规划布设结果见图 4-28，各策略面积与比例见表 4-12。

屋顶露天种植、屋顶光伏、屋顶温室、光伏温室四种策略如图 4-29 所示。

学府街道建筑屋顶生产性更新设计策略应用整体规划效果如图 4-30 所示。根据计算结果，按照本方案的生产性更新策略数量与空间分布进行更新，在理想状态下，可基本实现街区居民蔬菜自给自足，全年光伏产电量占街区消耗总量的 42.57%。本书研究中所用的计算方法仅考虑设备与道路等必要空间对屋顶面积的占用，并未考虑多种空间特色化处理方法占用生产面积导致的产量折减。

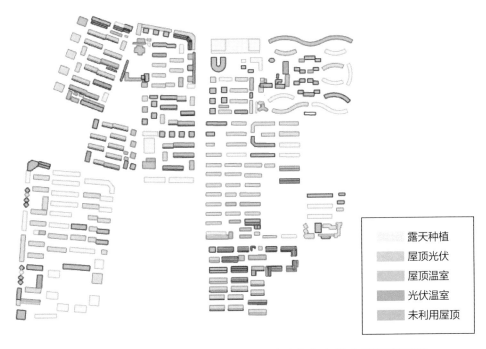

图 4-28　50 号方案规划布设结果（不同的屋顶颜色代表不同的生产性更新策略）

表 4-12　50 号方案各策略面积与比例

生产性更新策略	面积 / ㎡	比例
露天种植	47 853.32	24.38%
屋顶光伏	68 008.03	34.65%
屋顶温室	8226.27	4.19%
光伏温室	30 360.19	15.47%
未利用屋顶	41 814.23	21.31%

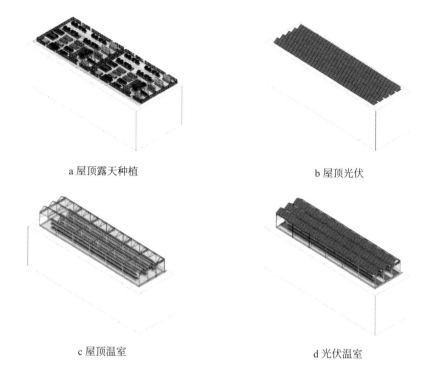

a 屋顶露天种植

b 屋顶光伏

c 屋顶温室

d 光伏温室

图 4-29　生产性更新策略图

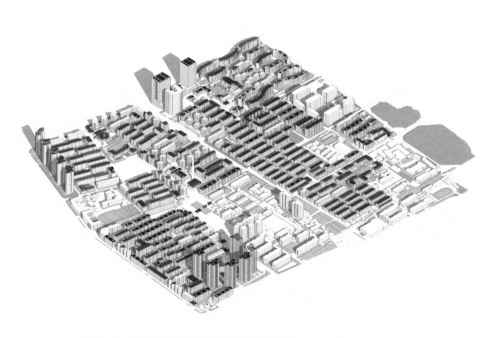

图 4-30　学府街道建筑屋顶生产性更新设计策略应用整体规划效果图

4.3 建筑立面——基于适宜性分析的建筑外部垂直空间生产性更新方法 [*]

相较于建筑屋顶，立面所接收到的太阳辐射更少，资源生产潜力更小，然而在立面开展生产性更新活动的操作难度与技术要求更高，相应的成本也可能增加，即"性价比"更低。因此，有必要针对建筑立面开展单独的生产性更新方法研究，以明确不同位置可采用的生产方式，并通过潜力评估决定是否要利用立面进行资源生产。

总体的方法流程为：首先获取研究对象的建筑空间信息，确定需要获取信息的类别，选取适宜的建筑信息获取方法，并进一步明确既有住宅建筑信息获取步骤。同时构建建筑立面生产适宜性评估体系，根据国内外已有的相关研究结论与政策，选取影响建筑外部垂直空间生产适宜性的因素，建立群决策模型，利用层次分析法结合频度分析法对各影响因素进行分级与权重赋值，在此基础上量化评估指标。之后，建立住区模型，运用 Phoenics 进行风环境模拟，运用 Ecotect 进行光环境模拟，量化分析各评估指标，获得住区建筑适宜开展生产活动的垂直空间。根据评估结果进行外部垂直空间生产设计与生产潜力的计算。

4.3.1 空间信息获取

1. 空间信息获取方法

考虑到居住建筑的私密性、研究对象的尺度、方法的便捷性与可操作性，本节选取近景摄影测量方法获取建筑立面空间信息。近景摄影测量一般指在 300 米以内使用数码相机拍摄被测量建筑，将经过筛选后的照片导入专业软件中进行批量处理，从而确定被测建筑的基本特征、空间坐标、大小高度等建筑参数，最终完成建筑外部垂直空间的图形绘制。

运用摄影测量技术需要借助 ImageModeler 软件来共同完成信息数据的获取。第一步，需要导入测量对象照片。照片的选取是信息获取过程中最关键的一个步骤。首先，需要选用定焦镜头来拍摄，将固定焦距后拍摄的照片导入软件中进一步处理

---

[*] 本节内容修改自李颜哲的论文《建筑外部垂直空间绿色生产性提升评估方法研究》。

时可以减少误差，提高信息的准确性。其次，在拍摄过程中要保证照片的清晰度，至少选取两张角度不同的照片，照片需要尽可能地包含所需测量的建筑信息类别。采用近景摄影测量技术拍摄住区建筑时，一次最多获取建筑的两个面，当建筑不是对称布局时，还需要对另外两个面进行二次拍摄。当高层建筑不适宜近景拍摄时，可以采用航拍技术，总之，要保证照片内建筑的完整性。再次，在拍摄过程中，尽可能设置已知物体作为辅助，例如已知尺寸的车辆或建筑门窗等，这些数据可以使最终获取的信息数据更加准确，起到一定的校对作用。最后，需要保证照片的原始性，导入软件的照片应是未经过其他处理的，保证原有照片的焦距准确，避免造成较大的信息误差。

第二步，对导入软件的照片进行建筑特征点标。这一步的目的是校对相机、调整照片的畸变，并在软件内生成建筑的坐标系。首先，在拍摄不同角度的照片中都需要有同一个建筑特征标记点，特征点的位置应尽量清晰明显，易于捕捉标定，例如建筑顶点的一角、建筑窗口等位置。其次，要注意特征标记点的数量，在ImageModeler 中应至少标记 8 个特征点，根据建筑物的体量及所需获取的信息数量可以增加更多的标记点，标记点越完整，获得的数据越准确。最后，标记点应在建筑中保持数量均衡，避免过于集中而影响软件对标记点读取的准确性。

第三步，对标记点进行评估，确保标记点的有效性，ImageModeler 通过不同的标记点图标颜色来反馈标记点的准确程度，包括绿色图标、黄色图标、红色图标和灰色图标。绿色图标代表成功创建了标记点，且匹配度较高；黄色图标代表成功创建了标记点，但标记点不够准确；红色图标代表完成标记点创建，但标记点错误；灰色图标代表未完成标记点创建。当标记点为黄色、红色或灰色时则需要对标记点进行调整，可以继续增加标记点或增加相机标定的约束条件，便于软件计算，找到准确的标记点。只有当标记点图标为绿色时才能进行更准确的信息获取。

最后一步，进行建模及信息获取，根据第二步建立的坐标系及第三步确定的标记点，来确定建筑的形体位置。将标记点吸附在 ImageModeler 提供的符合测量建筑形态的体块上，建立体块关系，可以根据照片适当进行调整。在建立基础模型后，进一步对建筑进行测量，由于住区建筑的尺度具有一定规律性，其尺寸符合相应的模数标准，因此在现场拍摄照片时可以对建筑的门窗或其他构件进行简单的测量，并以此作为建筑已知信息来辅助其他未知信息的获取。在模型中标定已知构件尺寸，进而获得其他信息数据。

2. 样本选取与空间信息获取

选取天津市中心城区中建设年份在 1980—2010 的五个具有代表性的住区进行实地调研，从中选取建成时间较早，建筑朝向较好，建筑外部垂直空间类型多样（含墙面、阳台、雨篷和遮阳构件），且住户有自发种植行为的南开区学府街道光湖里作为实证研究对象。

以光湖里 17 幢为例，进行建筑外部垂直空间具体信息的测量示例。住区内有绿化及矮墙等的遮挡，因此需要至少两张多个角度的照片，以保证建筑信息的完整性（图 4-31）。在 ImageModeler 中设置标记点，确定标记点后确定其有效性，输入已知信息完成建筑信息测量（图 4-32）。由于遮挡限制，一些数据还需要在实地调研过程中进行简单的测量后加以补充和校对，最终实现建筑面宽和进深、可利用面积及建筑层高等信息的测量。

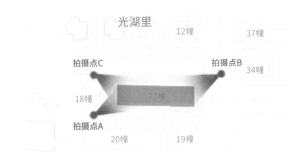

图 4-31　拍摄点说明图

图 4-32　在拍摄点 A 所拍摄的西立面、南立面的 ImageModeler 操作界面

运用测量到的数据对总平面图进行校准，确定建筑的基本位置及建筑间距，测量数据如表 4-13 所示。根据数据建立建筑模型。

表 4-13　光湖里 17 幢建筑外部垂直空间可利用面积

	建筑外部垂直空间总面积 / ㎡	门窗洞口面积 / ㎡	墙体可用面积 / ㎡	可用比例
南	1159.24	543.84	615.40	53%
北	1145.88	391.68	754.20	66%
西	188.66	20.28	168.38	89%
东	188.66	20.28	168.38	89%

4.3.2　立面空间生产适宜性评估

1. 适宜性评估指标体系构建

（1）评估指标选取

建筑外部垂直空间生产适宜性评估指标主要通过总结分析相关文献及建筑案例得出。在农业种植方面，垂直农业在国外的相关研究较多，其中英国、美国、新加坡等国家已经有许多建筑外部垂直空间与农业种植或绿化相结合的案例，在理论上也有较丰富的文献资料；在我国，目前已有许多城市发布了关于城市垂直绿化相关政策规定，也逐渐建成了与垂直农业有关的各类建筑。

根据对国内外近 20 年建筑外部垂直空间与生产性结合的研究进行分析，选择研究区域与天津地区在气候条件相近的代表性文献案例，整理出可能影响建筑外部垂直空间进行农业种植和光伏生产的因素（表 4-14 和表 4-15）。

再结合国内相关政策规定（表 4-16 和表 4-17），初步得出 12 项评估指标为：地域、日照条件、温度、风环境、湿度、建筑功能、建筑高度、建筑朝向、位置、阴影遮挡、种植因素和光伏条件因素。根据本书的研究对象和研究范围，并以天津地域为例，因此剔除"地域"和"建筑功能"两个影响因素，从而得到一个初始集合。

（2）构建评估指标体系

对评估指标进行分类，得到影响建筑外部垂直空间生产适宜性的准则层要素分别是自然标准、建筑标准及生产性标准。在 cnki 中以"垂直农业""垂直绿化""光

表 4-14　相关文献中影响建筑外部垂直空间农业种植的因素

文献作者	时间	研究区域	地域	日照条件	温度	风环境	湿度	建筑功能	建筑朝向	阴影遮挡	建筑高度	种植因素
Kiss + Cathcart	2001	美国华盛顿		√	√		√		√		√	√
Broyle T D	2008	—	√	√						√		
Atelier Data + MOOV	2008	美国	√	√					√			√
Nam J	2009	美国纽约		√				√	√		√	
Tilley D R	2012	美国马里兰州		√	√					√		
任军	2013	中国天津		√					√			
Adenaeuer L	2014	德国		√	√		√				√	√
Hunter A M, Williams, et al.	2014	—	√	√		√			√	√	√	√
Touliatos D, et al.	2016	英国英格兰		√	√			√			√	√
Kalantari F, et al.	2017	英国		√					√			√
Kalantari F, et al.	2017	—		√		√						√
Andrew M, et al.	2019	英国		√	√			√		√		√

表 4-15　相关文献中影响建筑外部垂直空间光伏生产的因素

文献作者	时间	研究区域	地域	日照条件	温度	风环境	建筑功能	建筑朝向	建筑高度	阴影遮挡	光伏条件
Vartiaineni E, et al.	2000	芬兰赫尔辛基						√	√		√
吴博	2002	德国弗赖堡	√	√			√	√		√	
Li Mei, et al.	2003	西班牙				√		√			√
德国 ASP 建筑事务所	2005	德国奥尔登堡		√				√			
Yun G Y, et al.	2007	—		√		√		√			√
Peng C H, et al.	2011	中国				√					√
Quesada, et al.	2012	—				√	√				√
Tobnaghi D M, et al.	2015	—			√	√			√		
Akash, et al.	2016	—		√				√		√	√
Khan M R, et al.	2017	美国							√		
Greentower Freiburg GmbH	2018	德国						√			
王崇杰，张泓，尹红梅	2019	中国太原	√	√			√	√		√	√

表 4-16　国内部分城市垂直绿化及立体绿化相关政策规定

年份	地点	来源	日照条件	气候条件	风环境	建筑朝向	建筑高度	位置	种植因素
2010	北京	《城市垂直绿化技术规范》	√			√	√	√	
2012	北京	《北京市垂直绿化建设和养护质量要求及投资测算》				√	√		
2013	河北省	《垂直绿化技术规范》				√		√	
2014	河南省	《立体绿化技术规范》	√			√			√
2015	—	《垂直绿化工程技术规程》	√	√		√		√	
2016	山东省	《立体绿化技术规程》	√	√		√			
2019	陕西省	《城镇立体绿化技术规程》	√		√			√	

表 4-17　国内部分城市太阳能光伏建筑一体化相关政策规定

年份	地点	来源	日照条件	温度	风环境	建筑朝向	位置	建筑遮挡	光伏条件
2010	—	《民用建筑太阳能光伏系统应用技术规范》	√	√		√	√	√	√
2013	陕西省	《西安市民用建筑与太阳能光伏系统应用技术规范》	√	√		√			√
2014	山东省	《太阳能光伏建筑一体化应用技术规程》	√	√			√		
2015	吉林省	《建筑太阳能光伏系统技术规程》	√			√	√		√
2015	—	《太阳能光伏发电系统与建筑一体化技术规程》	√	√			√		√
2019	—	《建筑光伏系统应用技术标准》	√		√		√		√

伏建筑""光伏立面"等为主题词，检索 2000 年 1 月 1 日至 2021 年 4 月 1 日的中文文献 5240 篇。剔除与建筑和城市生产性应用无关的文献，获得有效文献 1922 篇，对要素进行文献频次统计分析，结果如表 4-18 所示。

在 yaahp 软件平台将上一步所获取的评估指标频次进行处理，从而计算各项指标的权重，降低主观评估因素对评估结果的影响。群决策模型构建完成后，进行评估指标的两两判断，通过软件计算得出各项指标的权重（表 4-19）。将计算得出的各项评估指标权重结果与现有研究进行比较后发现，结果基本一致。

表 4-18 评估指标频次统计

关键词		文献数量 / 篇				合计 / 篇
		垂直农业	垂直绿化	光伏建筑	光伏立面	
自然标准	日照条件	6	34	35	3	78
	温度	4	17	29	0	50
	风环境	1	28	15	1	45
	湿度	2	23	—	—	25
建筑标准	建筑高度	4	15	10	0	29
	建筑朝向	6	37	28	5	74
	位置	4	12	13	3	32
	阴影遮挡	2	20	13	3	38
生产性标准	种植因素	4	27	—	—	31
	光伏条件	—	—	23	3	26

表 4-19 建筑外部垂直空间生产适宜性评估指标权重

准则层	自然标准				建筑标准				生产性标准	
权重	0.4286				0.4286				0.1429	
评估指标	日照条件	温度	风环境	湿度	建筑高度	建筑朝向	位置	阴影遮挡	种植因素	光伏条件
权重	0.182	0.097	0.097	0.052	0.086	0.171	0.086	0.086	0.071	0.071

明确各评估指标量化方法。通过分析国内外相关研究和条例中的具体指标，确定评估体系中各项评估指标所对应的具体内容，明确各项评估指标所对应的限定条件（表4-20）。

表 4-20　建筑外部垂直空间生产适宜性评估指标量化标准

评估指标		农业种植			光伏生产		
		评估内容描述	指标影响	备注	评估内容描述	指标影响	备注
自然标准	日照条件	阳生：春分日日照时长 > 6 h	有影响	黄瓜、西红柿、青椒、茄子	冬至日全天日照时长 ≥ 3 h	适宜	—
		中生：春分日日照时长 4 ～ 6 h		大白菜、大葱、蒜	冬至日全天日照时长 < 3 h	不适宜	
		阴生：春分日日照时长 < 4 h		生姜、韭菜、空心菜、生菜			
	温度	耐寒：生长适温 15 ～ 20 ℃，能耐 -1 ～ -2 ℃ 的低温	有影响	黄花菜、芦笋、韭菜、白菜、大蒜	工作温度低于 -40 ℃	不适宜	—
		半耐寒：生长适温 17 ～ 20 ℃，能耐短期的 -1 ～ -3 ℃ 的低温		小白菜、萝卜、胡萝卜、大白菜	工作温度 -40 ～ 70 ℃	适宜	
		喜温：生长适温 20 ～ 30 ℃，35 ℃ 以上生长和结实不良		黄瓜、番茄、辣椒、菜豆、茄子	工作温度 -40 ～ 70 ℃	适宜	
		耐热：生长适温 30 ℃ 左右，35 ～ 40 ℃ 仍正常生长		空心菜、南瓜、西瓜、苋菜、冬瓜	工作温度 > 70 ℃	不适宜	
	风环境	无风至清风：≤ 10.7 m/s	适宜	—	无风至清风：≤ 10.7 m/s	适宜	—
		强风至大风：10.7 ～ 20.8 m/s	有影响		强风至大风：10.7 ～ 20.8 m/s	有影响	
		烈风及以上：≥ 20.8 m/s	不适宜		烈风及以上：≥ 20.8 m/s	不适宜	
	湿度	相对湿度 85% ～ 90%	有影响	白菜类、绿叶菜类			—
		相对湿度 20% ～ 80%		马铃薯、黄瓜、豌豆			
		相对湿度 55% ～ 56%		茄果类、喜温的豆类			
		相对湿度 45% ～ 55%		西瓜、甜瓜、葱蒜类			
建筑标准	建筑高度	受日照条件、温度、湿度、风环境的影响					
	建筑朝向	南立面	适宜	可种植大多数蔬菜	南立面	适宜	太阳辐射最多
		北立面	有影响	适宜种植耐阴蔬菜	北立面	不适宜	接收到的日照辐射量最小，一般情况下，北立面几乎没有太阳直射
		西立面	有影响	适宜种植耐旱蔬菜	西立面	有影响	在 4 ～ 8 月，太阳辐射量大于南立面，其他时间太阳辐射量较小
		东立面	有影响	适宜种植喜光耐阴蔬菜	东立面	有影响	
	阴影遮挡	参照日照条件			全年 9:00—15:00 范围内无遮挡	适宜	—
					全年 9:00—15:00 范围内有遮挡	不适宜	
生产性标准		有土栽培	有影响	适宜在外墙面、结构稳定的位置种植	晶硅光伏组件	有影响	适合应用于采光较好的区域
		无土栽培	有影响	适宜在阳台、雨篷处种植	薄膜光伏组件	有影响	使用区域广泛、灵活
		农作物品种	有影响	综合其他评估指标确定	光伏组件倾斜角度	有影响	根据当地气象条件确定，例如天津地区光伏最佳倾角度为 30°

2. 样本建筑空间生产适宜性量化评估

（1）生产适宜性评估指标量化模拟

三类评估指标中，自然标准内的温度和湿度随季节和气候条件不断变化，对农业种植的影响较大，根据样本区域天津地区的气候条件选择适宜的农作物种类即可。其中风环境和日照条件两项评估指标则需要进行模拟实验来确定，以获取建筑外部垂直空间在不同高度、位置的具体参数信息。因此，将获取的建筑模型进行简化整理，导入相应的分析软件，获取模拟结果。

风环境模拟采用了 Phoenics 软件，对住宅建筑单体外部垂直空间进行了风速模拟。首先将详细的模型信息导入 Phoenics，并载入天津地区气象数据，根据《民用建筑供暖通风与空气调节设计规范》（GB 50736—2012）设定模拟室外气象参数，天津地区夏季最多风向为南向，其平均风速为 2.4 m/s；冬季最多风向为北向，其平均风速为 4.8 m/s。模拟得到光湖里风速基本情况如图 4-33 所示。冬季建筑外部垂直空间风速基本保持在 6 m/s 以下，仅一栋点式住宅东侧风速达到 7 m/s 以上；住区内

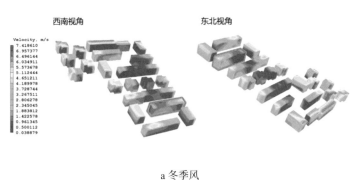

a 冬季风

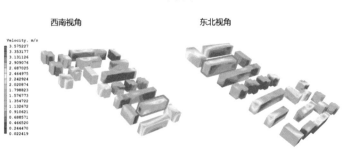

b 夏季风

图 4-33 光湖里风速模拟

夏季风速均在 3.5 m/s 以下。总体来说，开间较大、南北朝向的多层建筑垂直空间风速较小，且行列式排布能保证风速较为平稳，多层建筑由于高度及建筑分布等因素外部垂直空间受风速影响较小。受不同季节的风向影响，冬季东北方向的风速大于西南方向，夏季反之。

光环境模拟采用了 Ecotect analysis 2011 软件，进行了阴影范围模拟（图 4-34）、时均辐射和日照分析。载入天津地区气象数据，选定代表性时间，进行全年或逐时的阴影模拟，对住区春分日、夏至日、秋分日及冬至日的 12:00 进行模拟，有助于分析建筑外部垂直空间全年日照变化及受遮挡情况。

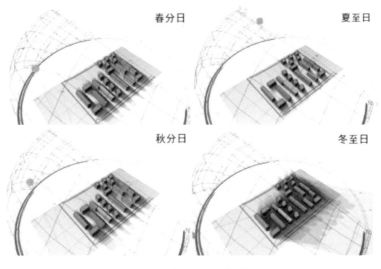

图 4-34　光湖里阴影范围模拟

根据模拟结果可以看出，朝向为南向的多层住宅立面受阴影影响较大的主要是北立面，其次为东、西立面。冬季阴影遮挡尤为严重，需要根据季节变化考虑种植适应该季节气候环境的农作物及光伏组件的铺设位置。

确定大致的阴影遮挡范围后，需要明确建筑外部垂直空间在特定时间日照时长分布。根据评估指标量化标准（表 4-20）中对日照条件的标准判定，日照模拟选定时间为春分日和冬至日。从阴影范围模拟结果可得北立面所受太阳光照较少，因此主要对建筑的南向和东西向进行了分析。以光湖里 17 幢为例，模拟得到住宅南向靠东侧有建筑遮挡，因此建筑南侧右下角位置在春分日和冬至日都有超过 75% 的面积

Hrs 值在 5.10 以上，由于太阳高度角的不同，建筑东西两侧 Hrs 值在春分日要高于冬至日（图 4-35）。

a 南立面   b 西立面   c 东立面

图 4-35　光湖里 17 幢立面春分日累积 Hrs

综合以上模拟数据可知，除了北侧以外，其余三个朝向的建筑外部空间多数区域可以保证 Hrs 值大于 3.10，周围建筑的遮挡会产生一定的影响，受影响程度主要取决于建筑间距和遮挡建筑物的高度。除此之外，建筑外部垂直空间的变化对建筑自身也有一定的遮挡，其中突出外墙面小于 1 m 产生的影响较小，可以忽略不计。

（2）根据模拟结果确定生产适宜空间位置

基于风环境和光环境的模拟结果，可以对农作物和光伏组件的种类，以及在建筑外部垂直空间的位置进行确定。在表 4-20 中，对风环境的要求是，风速小于等于 10.7 m/s，较适宜进行生产性更新，从以上风模拟数据可以看出，即使是冬季，住宅外部垂直空间的最大风速也就 10.7 m/s，因此光湖里 17 幢为外部垂直空间的生产性更新提供了有利条件。关于日照条件，根据春分日日照时长来确定不同的农作物种类，光伏组件则需要建筑日照时长满足冬至日全天至少 3 h 的要求。因此可以对进行模拟的三栋建筑外部垂直空间根据生产性更新方式的不同进行具体位置的划分（图 4-36 和表 4-21）。

根据以上不同生产性更新方式对应建筑外部垂直空间位置图示和相应的面积数据，可以发现，能够进行光伏发电的位置所在区域均可进行农业种植，此类生产性活动主要在建筑南向和建筑西向展开，在建筑东向较少。进行农业种植的区域面积较大，由于农作物种类繁多，对日照的需求也各不相同，可以在建筑外部垂直空间

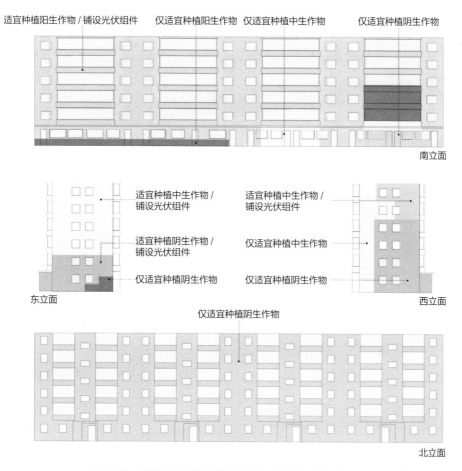

图 4-36　光湖里 17 幢各朝向建筑外部垂直空间生产性更新划分

表 4-21　不同朝向的生产性更新方式可利用面积

建筑名称	生产性更新方式	南	西	东	北	合计
光湖里 17 幢	农业种植 / ㎡	175	9	128	754	1066
	农业种植 & 光伏发电 / ㎡	440	145	26	0	611

的各个朝向分布，占据了建筑外部垂直空间的绝大部分区域。由于光伏组件在东西两侧发电量损失率较大，同时东西两侧可以进行光伏发电的区域较小，因此，主要利用建筑南向进行光伏发电，在可以同时满足农业种植和光伏发电条件的区域范围内尽量铺设光伏组件，以保证农作物与光伏发电均有产出。

4.3.3 生产性更新设计应用

1.针对不同空间开展生产性更新设计

（1）大面积实墙

由于光伏组件朝东、西两个方向的转换效率较低，所以主要在东、西立面的外墙面上进行农业种植，根据建筑模型模拟实验结果可得，在红色区域内均可进行农业种植。考虑到可操作性、经济性等设计原则，优先采取可以进行人工操作的绿色生产性更新设计方法，即在地面上高2m高度范围内进行农业种植，便于居民采摘。对大面积实墙进行农业种植的生产性更新技术形式可以选择牵引式、铺贴式、框架式和倾斜卡盆式，前三者主要针对攀爬类农作物，倾斜卡盆式相对而言可选择的农作物种类较多，因此选择倾斜卡盆与外墙面结合进行农业种植。在安装倾斜卡盆时，需要与墙面保持300mm的距离，使其与墙面之间形成通风间层，既可以有效利用外墙面垂直空间又起到了散热作用（图4-37）。

（2）窗间墙

建筑的四个立面均有窗间墙可利用，南立面窗间墙的绿色生产性更新主要是对光伏组件的应用，根据建筑模拟实验结果，在适宜安装光伏组件的区域

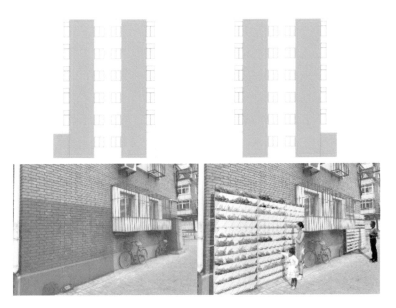

图4-37　大面积实墙可用区域与设计手法

内，沿窗边 800 mm×1300 mm（窗高）范围内采用支架式垂直铺设两块尺寸为 915 mm×666 mm×35 mm 的多晶硅光伏组件 BL95P-12，对于光伏组件的安装和维护均可人工操作。在光伏组件的安装过程中，由于需要光伏组件与墙面进行连接，会造成对墙体表面的破坏，所以需要在连接处做好防水措施。在安装光伏组件时，采用垂直安装的形式，利用金属骨架将光伏组件固定在建筑外墙面上。一般光伏组件与墙面之间距离大于 10 cm，使二者之间有空气流通，从而保证光伏电池始终在适宜温度下工作（图 4-38）。

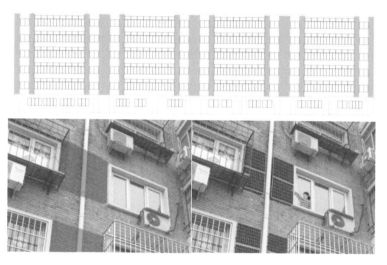

图 4-38　窗间墙可用区域（以南立面为例）与设计手法

（3）窗下墙

窗下墙基本都在人工可操作的范围内，利用率比窗间墙要高。考虑生产性更新设计的适宜性和可操作性，窗下墙的绿色生产性更新以农业种植为主，除了建筑首层外，其他区域的窗下墙技术形式采用种植槽式，种植槽式不受高度限制，可以应用于每层窗下墙。根据窗口的模数确定种植槽的尺寸为 1700 mm×500 mm×500 mm，其宽度和高度均在人工可以操作的范围内。种植槽的安装平行于建筑外墙面，主要通过金属支架将其固定在建筑外墙面上，种植槽与墙面中间留有缝隙，保持一定距离。在农作物种类的选择上，需要考虑种植槽的高度，避免根系较深、体量过大的农作物（图 4-39）。

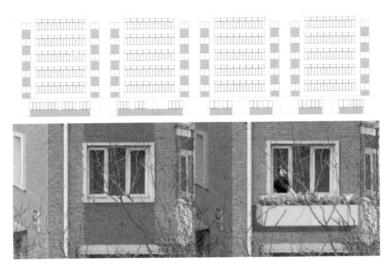

图 4-39 窗下墙可用区域（以南立面为例）与设计手法

（4）局部实墙

由于住宅建筑设计具有一定的规律性，大部分外部垂直空间都呈现出完整的外立面形态，所以局部实墙的利用区域主要在建筑南立面首层建筑外部垂直空间及建筑主入口处。在南立面首层已经有居民自发地进行生产性更新，可以在此基础上进行规范，增设种植框架或网绳、拉索等供攀爬类农作物生长。另外，建筑的入口处用以支撑雨篷的垂直墙面可以采用铺贴式种植，主要起到将植物作为入口符号的装饰作用。在墙面增设种植框架，其灵活性高于网绳和拉索，稳定性也更强，种植框架与墙面间距应不小于 150 mm，框架网眼最大尺寸不超过 500 mm×500 mm，根据建筑可用墙面的尺寸及农作物的生长高度，选用 500 mm×500 mm 的种植框架，再将种植框架与墙面进行连接（图 4-40）。

（5）阳台

光湖里 17 幢的阳台大多为封闭式阳台，在设计中为了建筑的整体性将阳台统一为封闭式，在南北两侧均有凸阳台。考虑到建筑南向日照充足，同时光伏组件的应用在建筑外部垂直空间具有一定的局限性，因此建筑南立面的阳台可用区域主要与光伏组件结合进行生产性更新，沿着阳台下方进行光伏组件的垂直安装，根据阳台的模数尺度，光伏组件选用尺寸为 1050 mm×666 mm×50 mm 的光伏板

BL95P-12。在顶层阳台则采用了平铺式进行铺设，尺寸与墙面上的光伏组件尺寸一致。北向的阳台主要进行农业种植方面的生产性更新，采用的设计手法和技术形式与窗下墙安装种植槽相同（图 4-41）。

（6）遮阳构件

建筑的南向和西向对遮阳构件的安装需求较大，进行绿色生产性更新的范围主要是南向卧室窗口和西向窗口。遮阳方式分别采用了水平式遮阳和挡板式遮阳。建

图 4-40　局部实墙可用区域（以南立面为例）与设计手法

图 4-41　阳台可用区域（以南立面为例）与设计手法

筑二层以上采用水平式遮阳，直接将光伏组件作为遮阳挡板，设置在窗口上方。采用多晶硅光伏组件 BL95P-12，尺寸为 1050 mm×666 mm×35 mm，将光伏电池固定在水平遮阳上方，再将遮阳板与墙面进行连接。首层和二层采用水平式和挡板式结合的遮阳方式。由于住区建筑首层和二层有防盗需求，因此在窗口处都安装了防盗栏杆，同时可以供攀爬类农作物攀爬，植物覆盖在栏杆上形成遮阳挡板，同时也起到了防盗的作用。具体的构造方法是，在栏杆的底座上铺设防水板材，将种植基质置于其上，再将底座和顶板固定在墙体上（图 4-42）。

图 4-42　遮阳构件可用区域（以南立面为例）与设计手法

（7）雨篷

建筑北向四个单元主入口雨篷作为生产性更新的主要利用范围，由于北向没有充足的日照条件，且雨篷为钢筋混凝土雨篷，因此不能采用光伏雨篷一体化的设计。在雨篷的绿色生产性更新设计中，可以直接将种植容器置于雨篷上，也可以在雨篷上直接填充种植基质进行农作物的栽培。直接放置种植容器对雨篷上方空间的利用率低于直接种植农作物，因此在不影响排水的区域内选择后者来提升雨篷的生产性（图 4-43）。

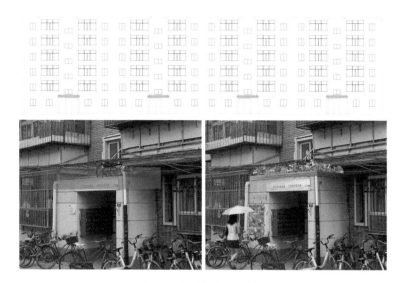

图 4-43　雨篷可用区域（以南立面为例）与设计手法

2. 设计综合与生产潜力评估

（1）蔬菜产量估算

住区建筑外部垂直空间的农业种植活动大部分为露天种植，将种植作物假定为蔬菜，根据相关研究和实验模拟得出，在天津地区室外蔬菜产量可以达到 6.0 kg/m²，另外在生产性更新设计中涉及的温室种植，蔬菜产量可以达到 50 kg/m²。计算得出，光湖里 17 幢的外部垂直空间蔬菜年产量为 5010.18 kg，用相同方式计算住区每一栋楼，得到住区整体年蔬菜产量为 58 739.24 kg。

（2）光伏的电力产量估算

住区建筑外部垂直空间绿色生产性更新中对光伏的应用技术主要是在墙面上垂直安装光伏组件、在南向窗口安装光伏遮阳构件，以及在阳台上方安装支架式光伏组件三种形式，并选用不同规格的多晶硅光伏电池。其中支架式光伏组件与其他两种单位面积发电量不同。根据天津地区日照条件下对太阳能光伏电池板发电量的模拟预算，光湖里 17 幢的外部垂直空间年光伏发电量为 28 948.73 kW·h，住区整体光伏年发电量为 264 107.3 kW·h（表 4-22）。

对住区所有建筑进行设计与潜力分析，对比发现：南北向的板式住区建筑更利于对太阳能光伏的应用，东西向板式住区建筑则为中生农作物和阴生农作物提供了

表 4-22　资源生产潜力计算

名称	种植位置	面积 / ㎡	单位产量 / (kg/㎡)	总产量 / kg	合计 / kg
17 幢农业生产潜力	大面积实墙及局部实墙	75.78	6.0	454.68	4986.18
	窗口及阳台下方	170		1020	
	遮阳及防护构件	116.05		696.3	
	雨篷上方	19.2		115.2	
	楼梯间窗口	54	50	2700	
光湖里整体农业生产潜力	露天种植区域	4916.37	6.0	29 498.22	58 739.22
	温室种植区域	584.82	50	29 241	

名称	种植位置	面积 / ㎡	单位产量 / (kW·h/㎡)	总产量 / kW·h	合计 / kW·h
17 幢光伏生产潜力	阳台下方	88.64	121.4	10 760.896	28 540.75
	窗间墙	49.31		5986.234	
	遮阳构件	68.42	129.7	8874.074	
	顶层阳台上方	22.51		2919.547	
光湖里整体光伏生产潜力	墙面垂直安装区域	1394.26	121.4	169 263.2	264 107.6
	倾斜安装区域	731.26	129.7	94 844.42	

较大的生长空间，而阳生农作物的生产空间较小，在进行整体建筑外部垂直空间生产性更新规划时，可以根据不同建筑形式安排不同的农作物品种；点式住区建筑对生产性更新方式的局限性较小，由于建筑方正，各立面面积大致相同，具有前两种建筑形式在生产性更新方式选择上的共同优势，其缺点也在于各立面面积大致平均，仅在南向发电效率最大的光伏组件布置区域布置，空间有限。另外，同样的建筑形体，处于住区内不同的位置时，其生产潜力也会存在一定的差异性，而在相邻位置的两栋建筑也会因为其形体差异而生产潜力不同（图 4-44 和图 4-45）。

图 4-44　光湖里 17 幢立面生产性更新设计

图 4-45　光湖里所有建筑立面生产性更新设计

4.4 综合设计——基于食物－能源－水关联的住区生产性微更新设计方法

在针对绿色生产性基础设施（2.2）、开放空间（4.1）、建筑屋顶（4.2）和立面（4.3）研究的基础上，本节统筹多重空间要素，综合食物、能源、水三大资源，对住区整体进行生产性更新方法研究与应用。

为延续前文研究脉络，本节应用案例选取的住区位于天津市南开区学府街道中部，东侧紧靠天津大学，南侧与南开大学相邻，西侧、北侧分别为白堤路、鞍山西道，总体占地面积约为 0.848 km^2。学府街道人口协调指数小于 1，设施覆盖率的平均值处于中等水平，但 10 分钟生活圈设施的覆盖率很低，说明街道内部设施配置数量较少，设施与人口不匹配。其住区组团老旧，人口密度较高，对粮食和能源的需求都比较大，住区内存在居民自发的生产性行为，生产性更新的潜力巨大。

本节总体的方法思路如下。一、基础信息获取：借助无人机低空信息技术获取三维基础信息，结合实地调研厘清学府街道住区现存问题并提出解决思路。二、不同情境下的多目标优化决策：清查分析场地空间与资源的生产潜力，确定住区生产性更新设计策略；估算对比不同生产场景下的供需关系与影响因素，多目标优化决策得到最优策略组合，即以能源生产和食物生产最大化为目标，以雨水的收集利用与资源的可生产面积为变量，通过遗传算法求得目标下的最优解，也就是在食物－能源－水关联下，每种生产性更新策略需要多少不同空间类型面积进行生产。三、住区生产性更新规划设计与方案评估：参照优化结果，从住区整体规划、不同空间类型节点设计分别展示生产性更新方案，并从资源供需角度对方案做出定量评估。

4.4.1 基础信息获取

1. 空间信息

（1）三维数据采集

对现场进行勘测，通过无人机低空信息技术快速获取场地内物体的三维数据，利用 ContextCapture 软件形成点云模型（原始影像—几何纠正—区域整体平整—多视角影像密集匹配—三维 TIN 格网搭建—搭建三维立体模型—纹理映射—三维实景模型）（图 4-46），快速得到目标住区的三维模型并获取所需数据。同时通过网络爬取建筑信息等手段辅助建立 SU 场地空间模型，并绘制 CAD 图纸。

图 4-46　三维数据获取步骤及学府街道点云模型

（2）场地调研分析

① 规划条件分析

建筑功能（图 4-47a）：住区以住宅建筑为主，辅以丰富的公共建筑类型，包括办公建筑、商业建筑、工厂厂房、中小学等教育建筑；商业业态丰富，设置有菜市场、便利店、餐厅、饮品店、外卖店等。住区内的多功能、多业态使得居民生活消费产生大量的废弃物，而这些废弃物需要消解排放，亟须建立一个良性的循环系统。

道路交通（图 4-47b）：近年来交通需求飞速增长，且学府街道人口密度大，周边功能多样，车辆进出及停车需求较大。住区内车位配建不足，绝大部分车辆停放在内部道路路侧，此外非机动车扎堆停放，占用了住区公共绿地空间及道路空间，影响居民的居住出行。而既有道路规划存在路网密、道路分级不明显、停车空间不足的问题，导致车辆缓行及拥堵问题较为严重。尤其是上下学时间段，部分车辆为规避拥堵借道组团内部道路，产生噪声，严重扰乱组团内部秩序。

暖气管道分布（图 4-47c）：场地内比较特殊的空间现象是住区暖气管裸露在外，大多沿着围墙和住区内建筑首层外墙分布，外附墨绿色保护层。暖气管道跨度大，管道粗细不一，外表不美观，影响住区居民的空间体验，且管道容易因为温度过低、湿度过高等产生裂纹，可能造成安全隐患。可以考虑结合生产性廊道对暖气管道进行规划设计，赋予消极空间以积极的功能，保护管廊的同时，提升环境品质。

| a 建筑功能 | b 道路交通 | c 暖气管道分布 |

图 4-47　规划条件分析

居民自发性的生产性更新与利用情况：居民的生产性行为在住区中相对普遍，反映了居民一定的需求。除了个别住户自行架设太阳能光伏板、太阳能热水器等，多为低层居住的中老年住户在宅前绿地、窗口阳台、自家后院、路边花坛、墙角处进行生产。种植的作物多为小葱、辣椒、生菜、番茄等，也有葡萄、杏等。种植的形式相对简单灵活，使用花盆、塑料桶等简易容器居多，也有直接利用树池进行覆土种植，以及搭设棚架种植丝瓜等攀爬类植物等形式。但自发种植普遍规模较小，产量较低，也使得沿街立面缺乏统一的美感。总体来说，生产性活动受到管理或空间条件的制约，较为混乱，不成体系。

② 建筑条件调研

建筑年代（图 4-48a）：除了馨名园和新园村为 2000 年左右建设，其余皆为修建于 20 世纪八九十年代的老旧住区。房龄超过 20 年的老建筑年代久远，潜在的安全隐患，不适合直接利用屋顶等空间进行生产利用，须将其结构加固后再进行生产力的挖掘。

建筑质量（图 4-48b）：主要依据外立面的损毁程度等判断。老旧住区多超过20 年，几乎没有质量很高的建筑单体。绝大多数建筑宜保持现有状态，进行叠加生产。外饰面保存较差的学湖里住宅和南丰路西侧低层建筑宜统一更新设计，提升建筑质量、丰富功能。南侧临时性建筑宜进行拆除，重新设计。

建筑层数（图 4-48c）：住区内 80% 以上建筑在 9 层以下，4 ～ 6 层居多。垂直交通以楼梯为主，根据国家城市更新要求，将逐步增设电梯，这为生产性更新创造了条件。部分塔式高层在 20 ～ 30 层，立面具备更多的生产潜力，3 层以下建筑以配套商业、厂房、临时性建筑为主，可以根据需求，统一规划设计其沿街面等。

建筑结构（图4-48d）：70%以上的建筑是砖石结构和砖混结构，其余多为混凝土结构，仅有个别厂房建筑运用了钢结构。尽管砖石、砖混结构使用年限一般为50年，但直接对建筑进行生产性更新，仍有可能存在安全隐患，须深入判断是否需要对结构进行加固等。

建筑坡度（图4-48e）：街区内建筑整体平屋顶居多，仅在少数配套建筑及四季村和天大六村中分布有坡屋顶建筑。住区屋顶资源丰富，生产潜力巨大，平屋顶有利于食物和能源的生产，坡屋顶更适合结合屋顶坡度进行能源生产，可根据5.2研究中的结论进行布局。

屋顶农业适宜性（图4-48f）：适宜性的定性考量主要是基于场地建筑现状进行分类，从承载力、屋顶可达性、日照条件等进行判断。目前由于可达性差，具备实施屋顶农业的建筑很少，仅在西南角处有楼（电）梯间直通屋顶，屋面承载力较大，比较适合屋顶农业的发展。但需要考虑到国家未来将大力完善老旧小区电梯垂直系统，因此在设计时可以降低可达性对食物生产的阻碍。

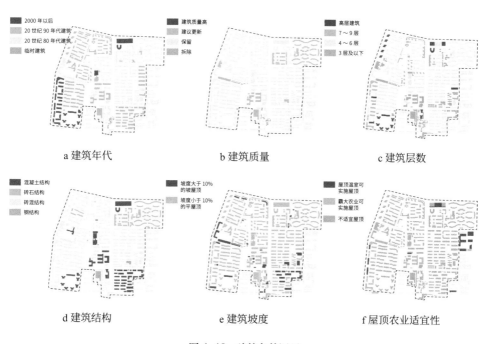

a 建筑年代　　　　　b 建筑质量　　　　　c 建筑层数

d 建筑结构　　　　　e 建筑坡度　　　　　f 屋顶农业适宜性

图4-48　建筑条件调研

2. 使用者需求

（1）居民问卷调研结果

使用者需求及意愿是住区更新的依据和驱动力。调研共计发放居民调研问卷 100 份，回收有效问卷 92 份，被调研人员男女比例接近。由于场地靠近大学，被调研人员以老年人和学生租户居多，受教育程度普遍较高。至于居住时长，39% 的人员居住了 1～3 年，32% 的人员在该片区生活了 5 年以上，他们的意见对于更新有着重要的参考意义。

① 居民的生活习惯调研，是为了确定住区中资源物质的消费情况，了解居民对住区更新的意愿

调研结果显示，近一半的居民日常购买蔬菜水果的频率为两三天一次，主要是从住区附近的菜市场、生鲜超市购买，或从网上订购有机蔬菜，也有近 20% 的居民选择在移动摊贩处购买。月用电、用水方面，差异比较明显，超过 40% 的居民人均电费在 30～40 元，超过 35% 的居民人均电费在 30 元以下，另有超过 20% 的居民人均电费 40 元以上。水费相对均衡一些，半数以上的居民人均水费在 14～25 元，分别有 20% 左右的居民水费为 4～15 元和 24～35 元。供暖方面，接近 60% 的居民对目前冬季供暖持满意态度，也有 38% 的居民认为室内温度较低，不能满足取暖需求。

家庭范围内采取的可持续的措施和行为调研结果显示，15% 以上的居民采取的措施有安装太阳能热水系统、生活用水循环利用、垃圾分类投放及废物回收再利用，主要是为了减少生活开支，以及节约环保。

对于是否愿意在家庭内进行更新，例如在卫生间安装中水回用系统、铺设太阳能光伏板等，只有 39% 的居民愿意接受更新，36% 的居民对更新持中性态度，并且有 25% 的居民表示不愿意接受更新，而不愿意接受更新的原因非常集中，一半以上的居民担心需要支付额外的费用，还有 38% 的居民认为更新可能会影响到正常生活。

② 居民对住区空间满意度的调研，是为了确定使用者对空间参与形式的偏好

调研结果显示，大部分居民对场地内现有公共空间基本满意，认为其能够满足日常静坐、停留、聊天社交等日常活动需求。其中，停留静坐是最常见的活动形式，占到 41% 的比例，除此之外，照看儿童、聊天社交也在公共空间经常发生。当被询

问到目前住区公共空间还有哪些问题时，35%的居民认为缺乏座椅等停留空间，认为社交功能不完善和缺少活动设施的居民分别占24%和22%。对于功能配套的建议，居民认为排在前五位的分别是小公园、广场、阅览室、老年活动室及棋牌室。对于环境设施的补充建议，分别有超过30人认为增加近距离果蔬生鲜售卖、加强夜间照明、增加垃圾箱数量种类、增设健身器材、增加/规范停车位及增加休息座椅等方面有待加强。其中，居民最多的建议集中在增加近距离果蔬生鲜售卖，这也与疫情背景下人们的生活状态有关系。住区活动及事务参与度方面，半数以上的居民仅偶尔参与，18%的居民表示从不参加，另有22%的居民住区参与的频率相对高一些。通过访谈了解到，不经常参加的原因有时间不允许、活动缺乏吸引力、活动信息不畅通等。

③针对住区内较为普遍的自发种植现象对居民开展住区农业的意向调研

调研结果显示，有60%的居民参与过自发种植的活动，种植所需要的灌溉用水主要来自住户家庭的生活回收用水及自来水，也有16%的居民利用雨水进行灌溉。超过三分之二的居民对住区农业持肯定态度，认为能够获得新鲜的农产品，以及可以减压、放松心情。也有32%的居民反对住区农业，认为农业生产会滋生蚊虫、化肥味道难闻、没有时间及农业景观美观度低。

当被问到希望以怎样的方式参与住区农业，以及对于种植的地点倾向时，多数人表示，愿意在阳台、闲置空地及宅前绿地等进行种植，使用方式更偏向于简单的种植箱和堆土形式。在参与方式中，参加体验活动是居民最青睐的方式，其次是自家阳台的小规模种植，另外还有一部分居民出于时间不允许等原因，不想参与种植，但愿意观赏。

总之，住户对新鲜有机的蔬菜水果的高需求，以及对资源消耗的消费差异意味着较大的生产性更新潜力。需要注意的是，人们对更新的接受程度不高，可能需要额外出资，以及影响生活成为最大阻碍，因此在更新时应选择成本少、影响小且高效的方式。调研结果也显示出住区具备一定的生产种植基础，居民对住区绿色生产活动较为认可。但同时也存在着参与感不足、对生态节能理念的理解较片面等问题。因而在住区绿色生产性更新时应当结合居民的参与兴趣与意愿，形成新的绿色生产生活方式。

（2）商家半结构访谈调研结果

研究针对住区中的菜市场店铺、餐饮店、便利店、鲜花店等进行了半结构化访谈，因为这些商业业态承载了场地食物的消费环节。

从商家的资源利用习惯来看，不同商家消费差异较大，每月电费、水费在几百到几千元不等，菜场小吃店等较小规模店家在 200 ～ 500 元，西饼屋等在 2000 ～ 5000 元。几乎所有的商家表示进货频率控制在一天一次，尤其是蔬菜类，成品类的一般为一周 1 ～ 2 次。进货渠道主要分为三类，一类是批发市场，建立了市场与商家长期的合作关系，一类是总部统一供应，派车送货，拥有稳定系统的供应链，还有一类是网上订购原料，通过快驴 App 等下单。在访谈中，60% 以上的商家支持网络订购服务。

对于每天剩余货物的处理，多数商家表示一般都会根据客流量确定每日货物数量，不会有大的剩余量。若有剩余会选择放到冰箱冷冻保存或者留到保质期再进行处理。蔬菜水果类容易变质腐败，若变质不新鲜往往选择直接扔掉，当作垃圾处理。在菜市场会有统一的泔水桶收集各摊主店家每日的垃圾，而连锁店会有总部每日进行垃圾的回收，基本上都可以做到及时处理。

在生产性措施接受度方面，当被询问是否愿意售卖或使用生产的蔬菜水果时，便利蜂、瑞幸、沪上阿姨等连锁商家表示已有完备的供应链，不愿意或者不需要本地住区生产；部分速食餐饮由于原料与种植类不相关，也不愿意售卖等。与蔬菜直接相关的商家对于本地生产的蔬菜、水果使用表示支持态度，因为可以节省开支，且进货与出售更加方便。在可持续措施的接受程度方面，商家接受程度最高的是太阳能发电，其次是安装太阳能热水系统、垃圾分类投放、厨余堆肥等。

总之，调研结果显示住区具备本地化生产消费利用的基础条件，可形成小尺度、分布式循环布局。在设计时可以考虑生产、加工、分配、消费、废物处理各环节与商业活动的配合，优化住区资源循环闭环，能够在一定程度上节省开支，减少资源消耗，带来便利与额外收益。

3. 资源信息

（1）住区物质资源输入输出量

参照前文 4.2.1 的计算结果，研究区域人口数为 34 470 人。由于调研中不同家庭对资源消费的使用状况差异较大，参照《2023 天津统计年鉴》中的统计数据，对住区的物质输入进行计算。在食物需求方面，住区几乎全部依赖外部供应。按照 2019 年天津市城镇居民主要食物的年消费量的统计数值，得到住区全年食物消费量（表 4-23）。在能源消费方面，根据年鉴中城镇居民人均能源消费标准对住区能源消费量进行计算，结果如表 4-24 所示。在生活用水方面，以天津市居民人均生活用水量为参考，得到住区全年生活用水消费量（表 4-25）。基于《基于资源循环代谢的城市街区空间生态化模式研究》中的数据资料，计算得到生活用水中各类功能性用水占比及消费量（表 4-26），其中清洁卫生用水和抽水马桶用水等对用水级别要求不高的用水，占比近 70%。

表 4-23　住区全年食物消费量

食物	鲜瓜果	鲜菜	干瓜果	菜制品
年人均消费量 / kg	83.5	112.7	90.8	116.4
住区年消费量 / kg	2 878 245	3 884 769	3 129 876	4 012 308

表 4-24　住区全年能源消费量

能源	电力	供热	生活消费能源
单位消费	732 kW·h/ 人 （90.039 kg 标准煤）	344 057.58 kJ/ m²	770 kg 标准煤 / 人
住区年消费量	25 232 040 kW·h （3103.6 t 标准煤）	需对街区建筑总面积进行计算	26 541 900 kg 标准煤

表 4-25　住区全年生活用水消费量

生活用水	人均日生活用水量	人均水资源量
单位消费	90.92 kg/（人·天）	51.8 m³/（人·年）
住区年消费量	1 143 914.53 t	1 785 546 m³

表 4-26　功能性用水占比及消费量

功能性用水	饮用	洗漱淋浴	炊事	清洁卫生	抽水马桶	总计
占比	2%	11%	18%	39%	30%	100%
消费量 /t	22 878.29	125 830.60	205 904.61	446 126.67	343 174.36	1 143 914.53

同时，对学府街道住区的全年废物输出量进行了计算，结果见表 4-27。

表 4-27　住区全年废物输出量

废物输出	生活废水	生活垃圾	有机生活垃圾	粪便	尿液
单位消费	生活用水 ×85%	0.85 kg/（人·天）	生活垃圾 ×60%	0.5 kg/（人·天）	1.5 L/（人·天）
住区年输出量 /t	972 327.35	10 694.32	6416.59	6290.78	18 872.325

（2）场地代谢分析

食物系统：住区内存在居民自发性种植活动，但不成体系规模；存在由新鲜蔬果不易保存、居民消费习惯等导致的食物浪费现象；在垃圾处理方面，住区内开始实行垃圾分类集中处理，但仍存在垃圾分类不专业、厨余垃圾回收质量差、废弃物回收的资源利用率较低等问题。

能源系统：住区能源供应以传统能源供应为主，电、暖、气都依靠城市市政管网进行供应，整体能源结构有待优化，可再生能源生产潜力大。

水系统：住区内供水以市政供水为主，通过污水管道和污水井将废水排放到城市管网。设计之初并未考虑到水资源的利用，对雨水的控制利用率较低，雨洪问题较为严重。

从整体来看，住区内资源存在浪费、效率较低等问题，同时生态技术水平较低，目前只停留在常规技术层面。这些因素制约着住区的循环与可持续发展。

4.4.2 不同情境下的生产性更新策略多目标优化决策

1. 样本区生产性更新可利用空间清查

（1）外部空间清查

① 公共空间

街区共有两处住区公园，面积为 15 580 ㎡，其中凤湖公园空间利用率较低，缺乏维护和管理，杂草丛生、铺装破损。住区内还有 29 处小型广场，可利用面积为 21 578 ㎡，质量差异较大。老旧住区组团绿地率较低，整体绿化率未能达到规划设计标准，且部分绿地被作为停车空间使用。乔木生长状况良好，树冠覆盖面积较大，地被植物由于缺乏管理生长状况不佳，土地裸露现象突出，可利用空间为 34 517 ㎡（表 4-28）。

表 4-28　住区公共空间清查与生产潜力分析

住区公共空间清查	可生产利用面积	可进行生产利用的操作
住区公园及广场	37 158 ㎡	覆土种植、模块化种植、果树种植、部分设置光伏组件、雨水回收利用、下凹绿地、透水铺装、雨水花园
住区公共绿地	16 368 ㎡	覆土种植
宅间景观绿地	34 517 ㎡	立体种植、模块化种植、雨水花园、斑块绿地
庭院院落	因私密度较高，仅做出更新建议，不将此面积计入统计面积	室内温室、模块化种植、雨水灌溉

② 交通空间

城市道路旁绿化分布不均衡，绿化效果不统一，雨洪时期内涝情况较为严重，路面积水现象突出。建议在道路交叉口和道路两侧种植行道果树或进行模块化种植，补充生产、休憩的空间，减少交通干扰；车行道利用两侧绿化带、植草沟进行雨水的消纳；景观小路等可以设计成透水材料路面来回收地表径流。老旧住区主要依靠宅间场地进行停车，地面以不透水铺装为主，雨季易积水。建议将地面改造成透水植草砖铺装，布置生物滞留带来收集雨水；利用垂直空间实现立体的生产性停车景观策略，包括搭设棚架，以及利用停车屋顶平台种植，减少停车占地；宅间场地规划机动车与非机动车太阳能光伏棚架，规范停车空间。对可进行铺装更新的交通空间进行统计，共计 47 200 ㎡（表 4-29）。

表 4-29　住区交通空间清查与生产潜力分析

住区交通空间清查	可生产利用面积	可进行生产利用的操作
道路空间	47 200 ㎡	行道果蔬、容器化种植景观、植草沟、滞留树池、透水路面
停车空间		立体停车、透水铺装、光伏停车棚架、光伏停车雨篷、植物分隔、滞留带

③ 闲置空间

闲置空间主要有三处。一处位于湖滨道与松杉路交口，共 12 100 ㎡，包括待建设的闲置空地及破败的停车场（场地同时进行垃圾转运）；一处位于内燃机实验室东侧的绿地，可用面积为 2910 ㎡，该部分由于监管维护不够，地表裸露，利用率较低，可结合生产性功能复合利用；还有一处位于天大六村高层与多层中间的用地，用地待建设，周边为破败的临时建筑，生产潜力较大，面积为 8835 ㎡。对于上述闲置用地，限定因素较少，可综合考虑食物、能源、水资源的生产利用，结合街区其他外部空间，打造连续的生产性景观。社区闲置空间清查与生产潜力分析如表 4-30 所示。

表 4-30　住区闲置空间清查与生产潜力分析

住区闲置空间清查	可生产利用面积	可进行生产利用的操作
闲置空间	23 845 ㎡	重构连续生产性景观

（2）建筑单体空间清查

① 屋顶空间

除天大六村、四季村中的少量住宅建筑、菜市场、厂房等公共建筑为坡屋顶外，其余住区建筑为平屋顶。绝大多数不能上人，初步估算均布活荷载不大于 0.7 kN/㎡，经加固改造后可承载屋面光伏、农业种植等。经统计，可进行生产利用的平屋顶总面积为 196 815 ㎡，坡屋顶屋面投影面积为 26 535 ㎡，规模巨大，有巨大的生产潜力。其清查与生产潜力分析见表 4-31。

表 4-31　住区屋顶空间清查与生产潜力分析

住区屋顶空间清查	可生产利用面积	可进行生产利用的操作
平屋顶空间	196 815 ㎡	屋顶露天农业、温室种植、太阳能发电、太阳能集热、雨水收集
坡屋顶空间	26 535 ㎡	太阳能发电、雨水收集

② 立面空间

既往研究中通过风、光、热等环境因素的研究，将建筑不同立面朝向对食物和能源生产的影响进行了简单归纳（表 4-32）。立面空间生产潜力测算方法与本书 5.3 节一致。但由于尺度变大，修订方案为：在每个小区选择 1 ~ 2 个代表性建筑，利用三维点云模型测量建筑的面宽、进深、各个朝向的外墙面积、阳台尺寸、门窗洞口的数量，确定建筑单体立面垂直空间可用面积；由于小区内部住宅形体相近，依照代表性建筑，按比例估算每个小区建筑立面可用面积，进而累加求和（表 4-33）。

室内空间的清查主要针对住宅楼梯间，可以扩建楼梯间缓步空间并复合农业生产功能。按照前文立面空间统计方法估算得到缓步空间 6812 个，结果如表 4-34 所示。

表 4-32　立面朝向对食物和能源生产的影响

建筑立面朝向	对农业种植的影响	对太阳能光伏生产的影响
南	适宜，可种植大多数蔬菜	适宜，太阳辐射最多
北	有影响，适宜种植耐阴蔬菜	不适宜，接收到的日照辐射量最小，北立面几乎没有太阳直射光
西	有影响，适宜种植耐旱蔬菜	有影响，4 ~ 8 月，太阳辐射量大于南立面，其他时间太阳辐射量较小
东	有影响，适宜喜光耐阴蔬菜	

表 4-33　住区建筑立面空间清查与生产潜力分析

住区建筑立面空间清查	可生产利用面积	可进行生产利用的操作
东立面	38 808 ㎡	农业种植、光伏发电
西立面	38 808 ㎡	农业种植、光伏发电
南立面	142 065 ㎡	农业种植、光伏发电
北立面	174 174 ㎡	农业种植
雨篷、遮阳等构件	建筑构件占比较小，在实际设计中需要根据窗口等具体设计，暂不纳入统计范围	铺设光伏组件、安装种植槽、光伏构件一体化设计

表 4-34　住区室内空间清查与生产潜力分析

住区建筑室内空间清查	可进行生产利用的个数	可进行生产利用的操作
楼梯间缓步空间	6812 个	容器种植

（3）基础设施要素

住区内公共服务设施基本满足居民需求，除餐饮店、零售店、快递柜等服务于分配环节的设施及垃圾桶等服务于回收环节的设施外，生产性基础设施相对匮乏，仅有零星几处结合光伏太阳能板的停车棚、光伏公告栏等。建议可补充更新下列设施系统（表4-35）。

表 4-35　可补充更新的设施系统

分类	设施系统	空间节点
水	雨水收集利用系统	屋顶、道路、广场
	地埋式污水处理系统	地下
能源	太阳能光伏发电系统	屋顶、建筑立面
	风光互补发电系统	照明设施
食物	小型温室种植系统	街区绿地景观
	屋顶农业种植系统	屋顶
	建筑立面种植系统	建筑立面
废弃物	厨余垃圾粉碎系统	建筑厨房
	地埋式沼气生产系统	地下

2. 不同生产场景下的供需估算

（1）场景模拟

为了模拟住区更新走向，定性比较不同生产场景下的方案对住区供需要求、生态环境、经济效益等的影响，进而根据估算结果对空间的可生产利用面积做出限制，结合住区调研结果与居民偏好，设定了以下四种生产性更新方案，粗略估计资源的本地化生产所带来的效益。方案估算时忽略雨水净化所需能耗、厨余垃圾回收生产的沼气等影响较小的关联环节，只对资源的生产进行定性分析。

方案1，100% 光伏发电＋雨水回收利用（不考虑食物生产，使光伏生产最大化）；

方案 2，50% 光伏发电 +50% 露天种植 + 雨水回收利用；

方案 3，50% 光伏发电 +50% 温室种植 + 雨水回收利用；

方案 4，50% 光伏发电 +25% 露天种植 +25% 温室种植 + 雨水回收利用。

四个方案中都设定了利用光伏生产提供电力，这是因为在使用者的调研访谈中，居民和商家对光伏生产能源的接受度与偏向性更高一些。此外，雨水回收利用也包含在所有场景方案中，因为它占用空间小，只需要水箱来储存雨水。

（2）四种生产场景下的供需估算

根据文献资料整理得到各空间节点对应不同生产策略的产量计算参数（表4-36），据此估算得到各场景方案的生产潜力（表4-37）。

表 4-36　各空间节点对应不同生产策略的产量计算参数

	种植位置	种植方式	单位面积产量 /（kg/ ㎡）
食物种植	社区农园	露天种植	5.47
	宅间农业	露天种植	5.47
	屋顶容器	露天种植	5.47
	立面种植	露天种植	5.47
	室内水培	室内种植	40
	光伏温室	温室种植	50
	行道树	露天种植	2.56
	光伏组件类型	电池规格 / mm	单位面积发电量 /（kW·h/ ㎡）
太阳能生产	屋顶光伏组件	多晶硅光伏 1956×992	129.7
	立面光伏组件	多晶硅光伏 1050×666	121.4
	光伏温室	薄膜光伏 1190×790	110.7
	集水位置	径流系数	计算方式
雨水收集	屋顶	0.9	雨水收集（渗透）量＝集水（透水）面积 × 年降水量 × 径流系数
	新增绿地	0.85	
	渗透铺装	0.4	
	种植形式	灌溉方式	单位面积年用水量 /（L/ 年）
灌溉用水	露天种植	喷灌	470
	室内水培	滴灌	82.25
	屋顶温室	滴灌	82.5
	果树种植	地面灌	360

表 4-37　各场景方案的生产潜力

生产场景		方案设置及估算结果	
方案 1 光伏发电 雨水回收利用	描述	能源生产面积（㎡） 屋顶光伏：196 815 / 立面光伏：219 681 雨水收集面积（㎡） 屋顶：196 815	
	生产潜力	电力生产：42 196 178 kW·h 雨水收集：96 006 m³	
	资源消费	—	
	资源自给	能源：电力 100% 自给；生活消费能源 100% 自给 水：可以补充 83.93% 的生活用水	
方案 2 光伏发电　露天种植 雨水回收利用	描述	能源生产面积（㎡） 屋顶光伏：98 407 / 立面光伏：142 065 雨水收集面积（㎡） 屋顶：196 815 / 新增绿地：42 424 / 渗透铺装：47 200 种植面积（㎡） 屋顶：98 407 / 立面：106 491 / 地面农业：85 125	
	生产潜力	蔬菜生产：2 168 931 kg 电力生产：30 010 079 kW·h 雨水收集：96 006 m³ / 雨水渗透：29 777 m³	
	生产消耗	灌溉用水：136 311 m³	
	资源自给	食物：蔬菜 55.83% 自给。能源：电力 100% 自给 水：收集雨水仅能满足 58.10% 的灌溉需求	
方案 3 光伏发电　温室种植 雨水回收利用	描述	能源生产面积（㎡） 屋顶光伏：98 407 / 立面光伏：142 065 雨水收集面积（㎡） 屋顶：98 407 / 新增绿地：42 424 / 渗透铺装：47 200 种植面积（㎡） 屋顶温室：98 407 / 立面：106 491 / 地面农业：85 125	
	生产潜力	蔬菜生产：6 550 995 kg 电力生产：30 010 079 kW·h 雨水收集：48 002 m³ / 雨水渗透：29 777 m³	
	生产消耗	灌溉用水：98 177 m³	
	资源自给	食物：蔬菜 100% 自给；新鲜水果 100% 自给 能源：电力 100% 自给 水：收集雨水远不能满足灌溉需求	
方案 4 光伏发电　温室种植 雨水回收利用　露天种植	描述	能源生产面积（㎡） 屋顶光伏：98 407 / 立面光伏：142 065 雨水收集面积（㎡） 屋顶：98 407 / 新增绿地：42 424 / 渗透铺装：47 200 种植面积（㎡） 屋顶温室：49 203 / 屋顶容器：49 203 立面：106 491 / 地面农业：85 125	
	生产潜力	蔬菜生产：3 777 429 kg 电力生产：30 010 079 kW·h 雨水收集：72 004 m³ / 雨水渗透：29 777 m³	
	生产消耗	灌溉用水：117 243 m³	
	资源自给	食物：蔬菜 100% 自给。能源：电力 100% 自给 水：收集雨水仅能满足 67.55% 的灌溉需求	

住区中屋顶的生产潜力巨大，方案2、方案3、方案4中的种植比例主要针对屋顶生产面积，立面生产以南向光伏，北向容器种植，东西向光伏、容器各一半设定，公共空间仅考虑露天种植。考虑到立面种植的可操作性，立面种植面积按清查面积的一半进行计算。

对比4个方案可以发现，方案1充分挖掘能源生产潜力，没有屋顶农业系统，对屋面结构进行简单的加固即可满足太阳能光伏板的安装要求。能源的产量远远大于街区所消耗的能源需求量，多余的能源可以存储或并入市政电网，通过屋面收集的雨水全部充分利用的话可以满足83.93%的生活用水需求。但屋顶和立面大规模铺设光伏板造价昂贵，降低住区的美观性，严重影响住区的环境体验。该方案显示出住区清洁能源的生产潜力，但应注意在设计时考虑居民的意愿，合理适度地附加光伏组件。

方案2、方案3和方案4把方案1中用于生产能源的面积缩减了一半并把这一半用于食物生产，这对屋面系统的要求相对更高一些，需要加固结构、处理屋面排水、增设围护系统，同时需要补充楼梯、电梯等屋顶通道，但更多的种植空间可以极大提升社区绿化率，丰富居民的空间环境体验。全面开展露天种植的情况下能源可以100%自给，新鲜蔬菜的产量相对较低，耗水量大，食物自给率可以达到55.83%，能够减少地表径流量29 777 m³，有效补充地下水。对于所需的灌溉用水，仅靠雨水仅能满足58.10%的灌溉需求，反而需要利用更多的市政用水进行补偿，可能会导致水资源短缺问题更加突出。使用温室进行室内水培可以有效减少水的损耗量，增加食物产量，最大程度温室种植的情况下可以100%满足新鲜蔬菜甚至水果的需求。其灌溉用水量明显小于露天种植的灌溉用水量，但屋顶温室的设计影响了雨水的收集，可回收雨水仅能满足近一半的灌溉需求。相比于露天种植，温室种植具有产量和水耗方面的优势，但是自重较大，对屋面的承载能力提出了更高的要求，造价也远远超过简易方便的容器种植，此外，温室种植需要机电设备对温室、湿度等进行监测控制，能耗也远大于简易的露天种植等。在设计时不仅要考虑到食物生产对于水资源的利用，还要根据经济性等原则进行不同形式农业的配置，才能产生更好的综合效益。

方案4综合了方案2和方案3中两种食物生产形式，蔬菜和电力的生产皆可以达到 100% 自给，但仍然受到水资源的制约，雨水的回收利用可以满足 67.55% 的灌溉需求。从方案 2、方案 3 和方案 4 的对比可以明显看出资源之间的相互制约，尤其是农业需水量，回收利用的雨水资源较难满足蔬菜完全自给自足的生产目标。相较而言，方案 4 在一定程度上更加接近住区生产自给自足的目标，可以作为约束参考用于多目标的优化。

3. 生产性更新策略的组合优化

（1）多目标优化方法

本研究中，生产性更新策略的组合优化目标是雨水回收利用量可以覆盖全部的灌溉用水，不需要额外消耗市政供水，在此基础上，利用住区现有空间使能源生产与食物生产尽可能达到最大化目标，实现最大程度的蔬菜与电力自给。多目标优化的最大优势，就是能够同时优化多于一个相互冲突或影响的目标。因此，以"不同生产场景估算下的生产面积制约"和"雨水回收须满足灌溉用水需求"为前提，通过变量取值、目标值设定，运用遗传算法，取得帕累托最优解，最终通过规划设计进行验证（图 4-49）。

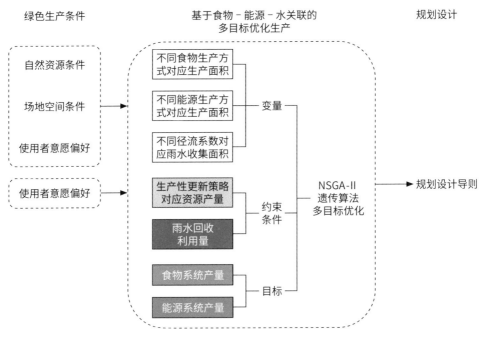

图 4-49　多目标优化方法的逻辑

在进行多目标优化之前，需要对每一个子目标进行数学建模。

① 子目标数学模型的构建方法

首先，需要构建子系统中的生产利用潜力的数学模型，各生产设计策略的单位产量的均值在前文已经进行实验与模拟，设计变量为设计策略所需的面积，具体如下。

对于食物子系统，只考虑蔬菜的生产潜力，年产量为不同的生产形式的单位年平均产量与面积的乘积和：

$$F = \sum_{j=1}^{n} a_j \cdot x_j \tag{4-12}$$

式中：F 为食物子系统的年产量；a_j 为住区食物系统中 j 类生产形式（如平屋顶露天种植、室内水培容器式种植等）的单位年平均产量，单位为kg；x_j 为 j 类食物生产形式可进行生产利用的面积，单位为㎡；n 为在住区生产性更新中选取的蔬菜生产方式数量。

对于能源子系统，为方便计算，只考虑光伏发电和沼气发电两种类型，年产量为不同的电力生产形式的单位年平均发电量与面积的乘积和：

$$E = \sum_{i=1}^{m} b_i \cdot y_i \tag{4-13}$$

式中：E 为能源子系统的年产量；b_i 为住区能源系统中 i 类生产形式（如平屋顶支架光伏发电、建筑立面垂直铺贴光伏组件发电、沼气发电等）的单位年平均发电量，单位为kW·h；y_i 为 i 类生产形式可进行生产利用的面积，单位为㎡；m 为在住区生产性更新中选取的能源生产方式数量。

对于水子系统，主要针对雨水的收集利用：

$$W = \sum_{k=1}^{t} R \cdot c_k \cdot z_k \tag{4-14}$$

式中：W 为水子系统总的雨水收集利用量；c_k 为住区水系统中 k 类空间雨水收集（如硬质屋面雨水收集、沥青道路雨水收集、水池水塘雨水收集等）的径流系数；z_k 为 k 类空间可进行雨水收集的面积，单位为㎡；t 为在住区生产性更新中选取的不同空间材质进行雨水收集的数量；R 为雨水收集的系数，针对天津市，其取值为年降水量542 mm。

此外，资源间最主要的相互制约在于食物生产需要大量用水。对于新增食物生产空间所需的灌溉用水，总的用水量等于不同生产形式的单位用水量与面积的乘积和：

$$G = \sum_{p=1}^{q} d_p \cdot s_p \qquad (4\text{-}15)$$

式中：G 为住区食物生产灌溉所需要的年用水量；d_p 为住区系统中 p 类生产形式的单位用水量，如露天种植单位用水量、室内水培单位用水量等；s_p 为使用 p 类生产形式需要灌溉的面积，单位为 ㎡；q 为在住区生产性更新中所需要用到的生产形式的数量。

② 多目标优化设定

多目标优化的基础模型可以表达为：

$$\text{Min}\,/\,\text{Max } O = (O_1, O_2, \cdots, O_n)$$

$$O_i = f_i(x)$$

$$\text{Constrained by:} \qquad (4\text{-}16)$$

$$C_1(x) = m$$

$$C_2(x) > n$$

式中：O 为目标函数；x 为变量；C_1 与 C_2 为约束条件。

根据适应度和选择方式的不同，本书以帕累托选择方法作为多目标优化的优化方式，即直接将多个目标值映射到适应度函数中。帕累托遗传算法可以生成一组多目标有效解，为决策提供更多的选择权，而精英遗传算法 NSGA-Ⅱ 则在遗传算法的基础之上，改进了遗传更替操作，降低运算量，同时保证多目标优化满意度。

生产性更新目标——适应度函数

适应度分析设计的本质是目标函数设置，基于食物 – 能源 – 水关联，在雨水资源能满足灌溉用水需求的制约下，设置的目标函数为"食物的年产量"和"能源的年产量"。

由于食物生产和能源生产的单位不同，支持条件也不同，设定为两个目标函数，分别是食物产量及能源产量。多目标优化是在合理的范围内，使两个适应度函数同时达到最优，即 $F_{\max}$ 和 $E_{\max}$。

设计策略对应生产利用面积——初始种群

初始种群由影响目标函数的变量组成，针对本书的生产性更新研究，初始种群指的就是食物、能源、水资源不同形式的生产利用策略所需面积，每个变量可以有不同的取值范围。

上文子目标数学模型中的 x、y、z、s（详见式（4-12）～式（4-16）），即多目标优化中的不同变量。变量的数目由策略的选择决定，对于变量 z 和 s，可以用 x 和 y 进行转化，空间上的制约关系使得 x 和 y 存在一定的转化关系，部分变量 y 也可以用 x 表示，可以减少变量的维度，为了便于结果的求解，本书将尽可能把变量的维度控制在 10 个以内。

遗传迭代次数——优化原则

优化原则即遗传算法的终止条件，满足优化条件之后，遗传算法运算就会停止。一方面，可通过设置变量的约束条件，筛选出符合要求的解集；另一方面，可以通过设置不同的遗传迭代次数，理论上在一定范围内，迭代次数越高，结果越准确。本书中以资源关联关系、生产面积的取值及遗传迭代次数作为约束条件。资源关联关系中，需要满足以下不等式：

$$W \geqslant G \tag{4-17}$$

生产面积的取值则根据上述步骤中不同生产场景的估算对比进行限定，而遗传迭代次数则设置 MaxGenerations 为 1000，即迭代 1000 次，PopulationSize 种群个数设定为 200，ParetoFraction 最优种群个数设定为 0.8，即迭代后会输出 160 组最优解。

根据帕累托求解，最后可以得到使用生产潜力遗传算法计算的最优解集，辅助进一步确立更新方案。

（2）样本区域多目标优化应用

① 样本区域子系统数学模型

基于上文中不同生产方案的对比结果，建立学府街道住区的多目标优化构架（表 4-38～表 4-41）。

对于食物子系统：

$$F = a_1 \cdot x_1 + a_2 \cdot x_2 + a_3 \cdot x_3 + a_4 \cdot x_4 + a_5 \cdot x_5 \qquad (4\text{-}18)$$

表4-38 食物子系统各符号代表含义

食物生产面积 x / ㎡		单位年产量 a / (kg/ ㎡)	
x_1	地面种植面积	a_1	5.47
x_2	平屋顶种植面积	a_2	5.47
x_3	立面种植面积	a_3	5.47
x_4	光伏温室面积	a_4	50
x_5	室内水培面积	a_5	40

对于能源子系统，在进行计算时，考虑到光伏组件架设时的最佳倾角和摆放方式，屋顶架设光伏面积按照 80% 的生产面积进行计算，坡屋顶只在南面架设屋顶，光伏生产面积按照一半进行计算。

$$E = b_1 \cdot y_1 + b_2 \cdot y_2 \cdot 0.8 + b_3 \cdot y_3 + b_4 \cdot y_4 + b_5 \cdot y_5 \cdot 0.5 \qquad (4\text{-}19)$$

表4-39 能源子系统各符号代表含义

能源生产面积 y / ㎡		单位年发电量 b / (kW·h/ ㎡)	
y_1	平屋顶架设光伏面积	b_1	129.7
y_2	屋顶光伏温室可用光伏面积	b_2	110.7
y_3	立面垂直架设光伏面积	b_3	121.4
y_4	沼气量	b_4	1.8
y_5	坡屋顶架设光伏面积	b_5	129.7

对于水子系统，由于老旧住区地下管网设计情况不明，不适合重新布置大量的地下储水设备，仅考虑平屋顶硬质屋面集水及 2000 年新建小区的道路集水，因为有地下车库方便布置地下储水设备。

$$W = c_1 \cdot z_1 \cdot 542 + c_2 \cdot z_2 \cdot 542 \qquad (4\text{-}20)$$

表 4-40　水子系统各符号代表含义

雨水收集面积 z / ㎡		径流系数 c	
z_1	平屋顶雨水收集面积	c_1	0.9
z_2	新建小区硬质路面面积	c_2	0.6

对于灌溉用水：

$$G = d_1 \cdot s_1 + d_2 \cdot s_2 + d_3 \cdot s_3 \qquad (4\text{-}21)$$

表 4-41　灌溉用水各符号代表含义

灌溉面积 s / ㎡		单位年灌溉用水量 d /L	
s_1	露天种植喷灌面积	d_1	470
s_2	室内水培滴灌面积	d_2	82.25
s_3	屋顶温室滴灌面积	d_3	82.5

② 样本区域多目标优化编程计算

目标函数：F_{max} 和 E_{max}。

约束条件：所有变量取值大于 0，同时为尽可能减少变量维度，对于影响小的变量按照值域范围内的最大值进行赋值。根据不同生产场景的方案对比，立面生产不建议完全铺设光伏板或进行种植，按照三分之一的清算面积赋最大值，光伏温室虽然能够轻易满足住区食物需求，但造价高、管制严，影响雨水的收集利用，不建议即刻大规模更新，因此参考方案 4，按照四分之一平屋顶清算面积赋值。沼气产量与住区粪便及有机生活垃圾有关，经计算可得到沼气 845 822 m³。此外，由于光伏发电效率高，完全可以满足电力的自给自足目标，因此增加 E 的约束条件，使其大于等于住区电力消费量；由于光伏温室的面积与水资源的限制，蔬菜自给率有可能无法达到 100%，因此只要求 F 最大，不设定 F 的限制条件。其他约束条件如表 4-42 所示。

表 4-42　相关约束条件

食物子系统相关	能源子系统相关	水子系统相关
$16\,368\ \text{m}^2 \leqslant x_1 \leqslant 93\,309\ \text{m}^2$	$E \geqslant 24\,500\,040\ \text{kW·h}$	$W \geqslant G$
$x_2 + x_4 \leqslant 196\,815\ \text{m}^2$	$y_1 + x_2 + x_4 \leqslant 196\,815\ \text{m}^2$	$z_1 = x_2 + y_1$
$x_3 \leqslant 393\,855\ \text{m}^2$	$y_2 = x_4 / 2$	$z_2 = 31\,165\ \text{m}^2$
$x_4 \leqslant 49\,203\ \text{m}^2$	$y_3 \leqslant 142\,065\ \text{m}^2$	$s_1 = x_1 + x_2 + x_3$
$x_5 = 6540\ \text{m}^2$	$y_4 = 26\,535\ \text{m}^2$	$s_2 = x_5$
		$s_3 = x_4$

生产面积之间同样相互制约，相互关联，经转化与限制，变量维度控制在 6 个，分别为 X1、X2、X3、X4、Y1、Y3，编程代码如图 4-50 所示。

```
  GA.m  ×  fit1.m  ×  nonlcon.m  ×  +
1 -    clear
2 -    clc
3
4      %%
5 -    Dimension = 6;
6 -    rng default % For reproducibility
7 -    fun = @(x)fit1(x);
8
9 -    lb = zeros(1,Dimension);
10 -   lb(1) = 16368;
11     % ub = [93309,196815,393855,196815,196815,142065];
12 -   ub = [93309,196815,393855,49203,196815,142065];
13 -   options = optimoptions("gamultiobj","PlotFcn","gaplotpareto",...
14         "ParetoFraction", 0.8, ...
15         "PopulationSize",200,"MaxGenerations",1000);
16 -   nvars = Dimension;
17 -   intcon = [];
18 -   A = [];
19 -   b = [];
20 -   Aeq = [];
21 -   beq = [];
22
23 -   [x,fval] = gamultiobj(fun,nvars,A,b,Aeq,beq,lb,ub,@(x)nonlcon(x),options);
```

图 4-50　算法部分代码示意

对多目标优化算法进行帕累托求解，得到 160 组最优解集（图 4-51）。图中横坐标的绝对值代表能源产量，纵坐标的绝对值代表食物产量，由于屋顶温室面积的约束，蔬菜不能完全达到 100% 自给自足，但接近 98% 的自给率。曲线左上角的点代表约束条件都满足的情况下，对能源生产更加有利的解集，右下角代表对食物生产更有利的解集。基于实际设计情况筛选保留符合设计规范要求的最优解集，选取曲线中间的一组解进行参照（图 4-52），即对食物生产、能源生产都比较有利的情况，辅助进一步确立更新方案。

X1	X2	X3	X4	Y1	Y3	E	F
68301.74	23101.4	56987.73	42816.58	130566.24	127581.41	(34175128.38)	(3214127.29)

图 4-51　选取的参照解集截屏

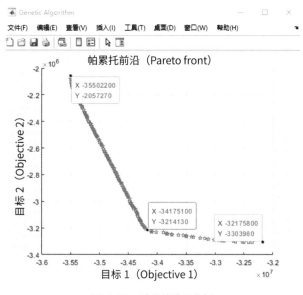

图 4-52　遗传算法最优解

4.4.3　生产性更新设计应用

参照优化结果对住区进行生产性更新的规划设计，首先在中观层面根据场地现状存在的问题对场地进行总体的规划，接着分别对食物、能源、水子系统进行更新设计，合理利用不同空间类型进行生产，进而在微观层面，对不同空间类型节点、建筑单体进行详细设计，最后进行方案评估。不同空间选取具体的设计手法时遵循下列原则。

食物：平屋顶以农业生产为主；高层建筑屋顶在风力和温度方面变化比较剧烈，12 层以上屋顶空间不建议进行食物生产；厂房等可能存在污染情况的建筑屋顶以太阳能能源生产为主；公共建筑屋顶以农业生产结合商业亲子乐园或屋顶餐厅等公共空间优先；闲置用地中可以考虑低成本、便携移动式的种植形式，减少前期资金投入和未来用地回收而产生的清理成本等。

能源：坡屋顶以能源生产为主；光伏组件东西侧发电损失率大，主要利用建筑南向进行发电；建筑立面可进行食物生产的空间远大于光伏生产，同时满足农业种植和光伏发电条件的立面空间优先考虑铺设光伏组件，以保证食物与能源均有产出；建筑年份较长、质量不佳者以能源生产为主；太阳辐射较低处，且屋顶面积较大处可以优先考虑透明太阳能采光板温室进行复合生产；太阳辐射最高处、无阴影遮挡处，以能源生产为主等。

1. 规划设计方案

（1）空间功能布局

采用蚁群算法进行辅助，以更好地为高资源密度的空间节点设计与生产性步行廊道围护体系的整合设计提供依据。蚁群算法是一种优化路径的概率型算法，模拟蚂蚁找到食物后，蚁群合作构建出一条条从各自的"起点"出发绕过"障碍物"以通向"食物点"的最优路径的过程。

算法目标是模拟住区居民到达资源循环点的最优路径。以各小区中心点为起点，以住区内现存建筑为障碍物，以街区中三处规模较大的重要节点作为食物点进行运算。算法计算的路径中，找到食物的路径被保留，没有找到食物的蚁群被饿死，通过设置蚁群算法的参数，计算出住区到资源循环节点的最优路径，整个过程如图4-53a所示。蚁群密集的地方，是居民活动、资源代谢重叠密集的地方，可视作资源生产

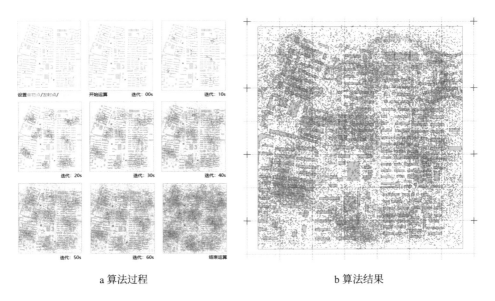

a 算法过程　　　　　　　　　　　　　b 算法结果

图 4-53　蚁群算法为规划设计提供依据

消费分布式网络中的枢纽。结合场地具体现状与计算得到的最优路径，进行路径规划及各节点的强调设计，将资源循环构成网络。

最终规划方案如图4-54所示。功能布局：设置了三处以社区农园为主的资源循环中心，分别为风湖公园，新园村一期东部闲置用地和天大六村西侧的待建场地，以容纳更多的人群与活动，并且可以进行量产为住区提供新鲜农产品，减少了食物里程；增补了早市、移动蔬菜车、农夫市集等覆盖率较低的物质循环服务设施，缩短了居民消费的步行距离；补充完善绿色生产性基础设施，支撑起住区食物－能源－水关联代谢网络。在地下分别设置小型的污水处理站、雨水净化处理站、沼气站等循环设备站点，方便使用，减少干扰；统一布置垃圾分类回收设施，对垃圾进行分类回收，并在住区内部设计停车与加工复合的生产性综合体，减少了垃圾运输、再利用足迹。

① 道路交通管理

针对住区外来机动车过多、停车空间不足、停车缺乏秩序的现状，通过明确限定住区内部机动车路线和出入口，为居民活动提供空间与安全的保障；结合生产性

图 4-54　最终规划方案

围墙系统，对进出车辆采取智能识别与管理，实现机动车的信息化管理，为住区错峰停车提供技术支持；新建立体停车场综合体，解决停车空间不足的问题；结合住区内生产性步道系统，在廊道下方设置内部停车位，通过廊道对绿地做出补偿；补充光伏停车棚，规范非机动车停车；对部分硬质铺地进行改造，统一更换为植草砖等透水材料。

② 公共景观绿地

结合前文提到的策略手法，营造住区的生产性景观。对于住区内的广场公园，设计农业景观用以分隔不同使用空间，同时增设相应的停留、遮阳设施；公共绿地结合生产性廊道系统，将部分景观绿植进行替换，用以进行模块化的农业种植；宅间空地设计以农作物为主的植物配置，扩大绿地面积；保留住区既有的高大乔木，并适当补充行道果树等。

③ 住区建筑更新

老旧小区屋面具有很大的生产利用潜力，更新时可采取粘贴碳纤维等方式进行结构的加固，为其生产功能复合提供条件。采用对屋面结构影响较小的轻型结构温室和种植容器进行生产，更新后屋顶空间的生产内容主要包括容器式农业种植、光伏温室生产种植、太阳能光伏发电及雨水收集利用，立面生产以光伏构件一体化、外墙光伏组件及轻便的容器种植为主。

（2）食物–能源–水关联系统规划设计

① 住区中的食物子系统设计

按照"减少消耗和浪费—重复利用废物流—最大限度生产"流程（图2-3）更新。

子系统的设计目标是尽可能实现街区蔬菜的完全自给。首先对种植的作物进行分析，选择高产、本土化、低水耗的蔬菜和水果。根据本地的蔬菜和水果的生长周期（图4-55a），以及作物种类对温度、光照、水分的需求（图4-55b），建议种植的物种有：蔬菜类有黄瓜、茄子、西红柿、韭菜、空心菜、生菜、青椒、马铃薯、大白菜、大蒜、大葱、菠菜、芹菜、胡萝卜等；水果类有柿子、西瓜、苹果、甜瓜、李子等。

确定作物的种类后，接着确定食物生产的位置和方式，根据空间的不同类型特性匹配作物品种，在设计中综合使用不同空间类型的食物生产操作手法（图4-56）

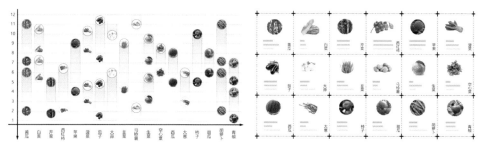

a 本地的蔬菜和水果的生长周期　　　　　　b 作物种类对温度、光照、水分的需求

图4-55　对种植的作物进行分析

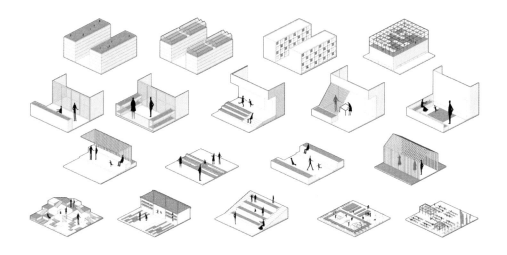

图4-56　不同空间类型的食物生产操作手法

来进行种植，参照选取的多目标优化的最优解集进行设计。

地面露天种植：两处闲置用地规模较大，主要以社区农园的方式进行食物的生产，露天种植面积可达 15 649 ㎡，地面小型温室种植可达 1834 ㎡。公园和广场空间，将居民活动空间与种植结合，通过功能分区的合理划分和作物品种的搭配形成开放的生产性景观，可进行生产的面积为 17 579 ㎡。公共绿地和宅间景观结合生产性廊道统一规划种植，在美观、经济的同时提供更多活动空间，可利用面积为 38 708 ㎡。

屋顶种植：公共建筑及低层建筑选用露天种植的方式，多层住宅结合未来加装电梯的趋势利用温室进行生产。通过对太阳辐射进行分析，南北朝向且辐射强度高的建筑以能源生产为主，坡屋顶首选光伏生产，其他屋顶植入食物生产功能。屋顶种植通过彩色光伏连廊、生产性廊道等连接，由点及线再成面，形成较为连续的绿色生产空间，便于食物的生产管理。最终在屋顶上露天种植面积为 31 118 ㎡，温室种植面积为 41 016 ㎡。

立面种植：在建筑立面上对各个空间要素进行生产。通过日照、朝向、遮挡等分析，统一对街区立面进行更新设计。南立面中的底层实墙通过种植架进行种植，窗下墙通过倾斜卡盆和种植槽进行生产，一层、二层利用水平＋挡板式的遮阳构件进行种植；西立面主要利用底层实墙，附加倾斜卡盆种植，以及水平＋挡板式遮阳构件的生产利用；东立面和北立面主要依托一层实墙及窗下墙进行食物的生产。通过计算，住区内建筑立面空间采用露天容器种植，可进行生产的面积可达 56 775 ㎡。

道路种植：住区道路上空使用填空的操作手法，利用藤架栽培爬藤类作物，住区内部补充行道果树，种植面积约为 6978 ㎡。

室内空间种植：对住宅楼梯间北侧缓步平台加以延伸、扩建改造，放置立体种植容器种植芽苗类作物。调研中对住宅中楼梯间进行清算，共有 6812 个缓步空间，按照 400 mm 宽种植容器计算，种植面积达 6540 ㎡。

对食物生产利用面积进行测算，结果如表 4-43 所示。

针对食物子系统的其他环节，设计通过功能设施的补充，使食物加工、运输环节更加高效。例如在住区内补充移动蔬菜车等快速分配系统，增加早市、菜市场、农夫市集、共享厨房等功能服务场所，实现本地化的加工分配。对于每天不能及时

表 4-43　食物生产面积

种植类型	种植位置	面积 / ㎡	总面积 / ㎡
露天种植	闲置用地	15 649	159 829
	公园和广场	17 579	
	公共绿地、空间景观、生产性廊道	38 708	
	屋顶	31 118	
	立面	56 775	
果树栽培	道路	6978	6978
温室种植	闲置用地	1834	49 390
	屋顶	41 016	
	室内	6540	

来源：作者自绘

售卖的蔬菜水果, 在资源循环综合体中补充食物银行等功能, 进行食物的低价再分配, 避免食物的浪费。

食物消费环节, 鼓励居民积极参与住区活动, 如住区农业志愿者活动、科普教育课活动等, 规范引导居民家庭种植有机蔬菜, 并加强科教宣传, 使"节约粮食、减少浪费"的观念深入人心。

食物系统的废物处理环节, 主要针对生活垃圾的分类处理及人类排泄物的资源化进行设计, 对生活垃圾进行分类投放、收集与处理。集中收集的有机垃圾优先采取本地循环代谢的方法, 在物质循环站生成沼气用于发电, 处理后的沼渣与沼液为农作物生长发育提供养料。鼓励居民自行利用厨余废物进行堆肥, 为生产提供本地有机肥料。同时在住区内推广家庭厕所的更新, 利用粪尿分离模块收集粪便和尿液, 处理后可用作肥料, 或用于发电等。

食物子系统的更新规划如图 4-57 所示。

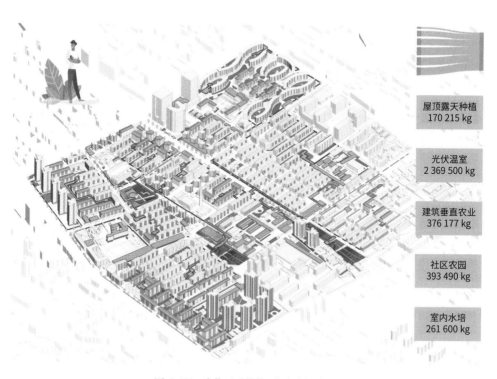

屋顶露天种植
170 215 kg

光伏温室
2 369 500 kg

建筑垂直农业
376 177 kg

社区农园
393 490 kg

室内水培
261 600 kg

图 4-57　食物子系统的更新规划示意图

② 能源子系统规划设计

尝试在住区内进行太阳能的全面生产，以期实现电力100%自给，形成小规模的分布式电力循环。系统设计按"节能—循环利用不同品质能源—可再生能源生产"的步骤进行（图2-4）。

首先结合场地选取适用的方式进行产能和储能，设计太阳能光伏系统，通过智能联网，将住区太阳能光伏系统所产电能与市政电网相连，实现电力的供需平衡。根据既有研究对不同类型的能源生产方式和储能方式的比较，具体结合更新难度、发电效率、更新成本等因素，选用多晶硅光伏板（光电转换效率13%）及非晶硅薄膜（光电转换效率8%～10%）为住区提供电力。此外，将食物系统产生的厨余垃圾用于沼气发电，并考虑利用地热能生产为住区集中供暖，作为能源生产的补充。在储能方面，由于太阳辐射具有季节性的特点，在能源生产过剩时选择储能设施将多余的能源进行存储，而在生产不足时转化利用。设计选择锂离子电池作为短期储能设施，氢燃料电池用于季节性蓄电。

对街区进行太阳辐射量、建筑阴影等分析（图4-58），根据空间特性的不同采

a 6月份太阳辐射量

b 12月份太阳辐射量

c 夏至日建筑阴影

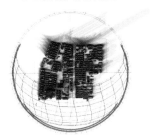
d 冬至日建筑阴影

图4-58　能源子系统太阳辐射量、建筑阴影分析

取不同形式的光伏生产。以利于太阳辐射利用的最佳朝向与倾角布置光伏组件。能源生产操作手法如图4-59所示，主要包括屋顶光伏、立面光伏及光伏类基础设施生产利用。

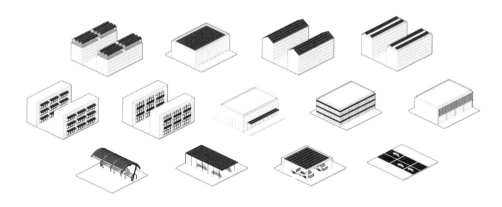

图 4-59　能源生产操作手法

屋顶光伏：根据住区太阳辐射量分析，在辐射量多的位置放置太阳能电池板。采用多晶硅屋顶支架式光伏，按35°倾角放置能够进行生产的平屋顶面积为126 681 ㎡，折合光伏生产面积101 345 ㎡，坡屋顶南面铺设光伏面积为13 268 ㎡。同时屋顶温室上方铺设光伏薄膜电池，通过温室进行资源的复合生产，面积为39 016 ㎡，折合光伏生产面积31 213 ㎡。

立面光伏：建筑的立面光伏生产主要针对建筑南立面。由于建筑东西立面每日日照时长较短，北立面处于背光区域，因此都不实施光伏应用。南立面的光伏生产方式主要有：在窗间墙上设置垂直光伏构件；3层及3层以上的楼层统一遮阳构件模数与样式，设置倾斜支架光伏构件；凸出阳台的墙面同窗间墙一样铺设垂直光伏构件，顶层阳台的顶部平铺光伏板。通过计算，住区内建筑立面利用窗间墙及阳台墙面垂直光伏构件进行生产的面积可达32 296 ㎡，遮阳构件等光伏生产面积为32 690 ㎡。

住区闲置用地设计了地面温室种植，同理，温室屋顶采用非晶硅光伏薄膜，使用面积为1834 ㎡。

补充街区所需要的能源基础设施，如太阳能光伏发电设施、小型风光互补设施、地埋式地源热泵设施、沼气发电设施等。利用光伏设施一体化实现相关光伏基础设施能源完全自给自足，如风光互补路灯、彩色光伏连廊、光伏信息栏、光伏充电桩、太阳能发光地砖、太阳能停车棚等。因为它们能够实现能源自给，避免了老旧住区改造线路、铺设管线所需的工程量，且安装和应用不会对住区环境造成影响，所以非常适用于老旧住区基础设施的置换。该部分不计入核算范围。

能源子系统的更新规划如图 4-60 所示，能源生产面积见表 4-44。

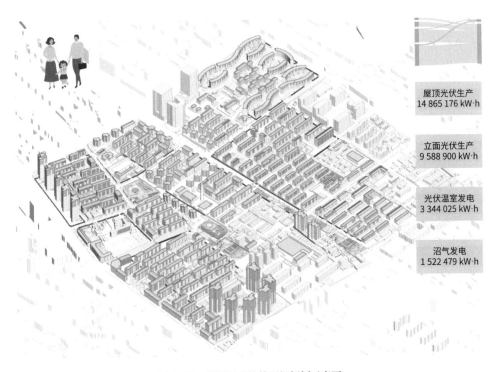

图 4-60　能源子系统的更新规划示意图

表 4-44　能源生产面积

光伏组件类型	光伏组件位置	光伏生产面积 / ㎡	总面积 / ㎡
屋顶光伏组件	平屋顶	101 345	114 613
	坡屋顶	13 268	
立面光伏构件	外墙与遮阳构件	64 986	64 986
光伏温室	闲置用地	1834	33 047
	温室上方	31 213	

③ 水子系统规划设计

对住区水子系统的规划设计有两个主要的落脚点：对雨水的收集利用与中水循环回用。设计目标是收集利用的雨水能够完全覆盖食物生产用水，实现雨水的零浪费，同时尽可能对中水循环回用，减轻市政供水的压力。按照"节水—中水回用—雨水收集利用"的步骤进行生产性更新（图 2-5）。

首先对住区中水资源分配、处理等环节进行分析，明确资源代谢路径与使用处理方式。具体涉及屋顶和地表雨水收集系统、雨水蓄水净化系统、灰水处理系统、黑水处理系统。

雨水收集利用包括屋顶和道路的径流管理，设计综合使用海绵城市雨水处理操作手法（图 4-61），以期打造绿色生态住区。假设能够将屋顶、道路、集水池收集的雨水全部用于食物生产灌溉，多余部分处理后用于生活清洁或消防，可以减少市政供水，实现雨水的零浪费。设计基于现有的屋顶排水分析，对落水管进行改造，在排水过程中实施屋顶雨水的初步过滤，再将过滤后的雨水存储于各层外立面与地面的水箱中。新建小区（建造在地库顶板之上）增设雨水回用循环系统，连接地面排水、收水设施和地下排水管道，对雨水进行有效收集、净化与回用。闲置用地或广场公园还可以结合水景设计，直接通过集水池进行雨水的收集。经测算平屋顶集水面积可达 194 982 ㎡，新小区道路硬质铺装集水面积为 6540 ㎡，地面集水池面积为 2325 ㎡。除了直接集水，老旧小区也可以通过补充住区绿化用地，置换部分硬质铺装为透水材料，从而减少地表径流，利用雨水下渗对地下水进行补给。结合食物子系统的规划设计，住区总计新增绿地 71 936 ㎡，可替换透水铺装 27 500 ㎡（表4-45）。

天津市老旧住区建设年代早，地下管线分布情况不明，住区层级的系统中水回用改造在短期内较难实现。因而在设计中尝试以户为单位，在卫生间安装模块化中水回用设备，收集洗漱与日常清洁废水，将其处理之后用作较低品质的杂用水。经测算，中水回用模块每年能够节约居民约 30% 以上的日常生活用水。

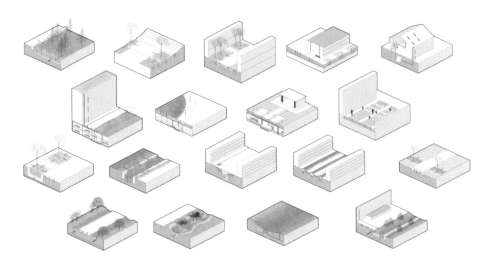

图 4-61　海绵城市雨水处理操作手法

表 4-45　雨水收集利用面积计算

集水 / 渗透位置	总面积 / ㎡
平屋顶	194 982
道路硬质铺装	6540
地面集水池	2325
新增绿地	71 936
透水铺装	27 500

　　此外，为了更好地实现水子系统的更新目标，对住区水资源进行合理分配使用，建议住区利用物联网技术，通过基于传感器、大数据和人工智能技术相结合的智能水监测和管理系统，实现住区水资源的智能与可持续管理（图 4-62）。水子系统的更新规划如图 4-63 所示。

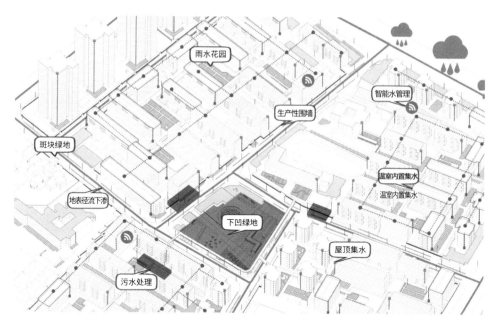

图 4-62　水子系统不同的生产利用方式场景

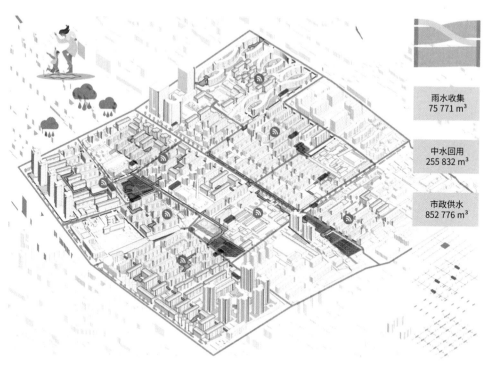

图 4-63　水子系统的更新规划示意图

2. 不同空间类型典型节点设计示意

（1）外部空间

在前文的整体规划中，蚁群算法下粒子密集的地方可能成为需要着重设计的典型节点。因为蚁群密集意味着人群更加容易聚集，也更容易产生资源的循环流动。在此基础上对外部空间中的公园、广场、公共绿地、宅间景观等不同类型空间有针对性地进行设计（图4-64）。

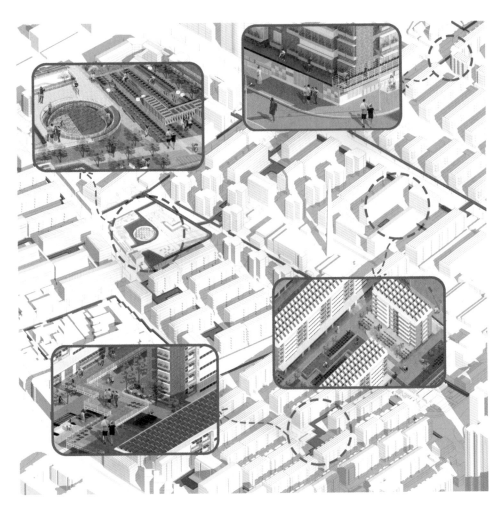

图 4-64　外部空间典型节点设计

① 风湖公园更新设计

公园于 20 世纪 90 年代建成，总用地面积约 6600 ㎡。其位置较为特殊，北向正对风湖里小学，西南面毗邻天津大学附属中学，是服务于周边居民的社区公园。调研结果显示：公园内流线组织不合理，景观绿化品质较差，活动设施老化单一。结合两所学校放学时人流混乱、交通拥堵的现状，更新的具体方向为：挖掘公园生产潜力，规划设计农业生产性景观，利用周边配套餐饮建筑直接加工和消费生产的食物；结合生产性廊道围护系统提供更多共享功能，根据不同人群需求重新规划公园功能分区，将其转变为舒适有趣的候学区，以及公共开放、分时共享的城市公园；补充强调雨水花园等海绵设计，增设雨水回收利用设备、光伏景观设施、沼气发电设备等，完善资源代谢闭环。

② 天大新园村东侧闲置用地重构

调研得知，该闲置空地存在垃圾乱堆等乱象。更新的具体方向为：充分利用闲置空间，进行不同形式的食物生产，为周边菜市场提供新鲜的蔬菜。新建生产性综合体，一层为加工车间，用于回收固体废物，重新加工制造；二至三层为立体停车空间，缓解停车空间紧张的问题；顶层为有机餐厅，直接加工处理场地生产的食物，然后售卖给住区工作忙碌的居民；屋顶为寓教于乐的种植教学场所，用于休闲娱乐。增设雨水花园、滞留带等海绵设施，结合集水池等进行水景设计。地下补充污水处理装置、沼气发酵装置等，方便资源的就地循环转化，以实现小尺度的物质循环利用。

③ 天大新园村一期公共绿地广场更新

该公共绿地广场上外围绿化围绕中心广场，布置有停车棚用于非机动车的停放。但场地存在缺乏停留设施、植物养护不佳、广场利用率低等问题，因此，补充绿化用于食物生产，利用架设生产性步行廊道对原有活动空间进行补偿，在步行廊道上利用生态种植盒子进行种植，提供更多种植体验与休闲放松的可能；置换原有部分硬质铺装为透水材料，利用下渗的雨水对地下水进行补充，增设植草沟等雨水径流利用设施；补充静坐停留的座椅，在原有停车棚顶部附加光伏板进行能源的生产，提供早市、流动蔬菜摊等生产配套功能，引导居民绿色生活，提高住区活力。

④ 光湖里宅间景观更新

以光湖里 15 幢、17 幢之间的宅间景观示意，原有中心景观仅通过一条路径分隔了绿化和硬质铺地，宅前空间被作为停车空间使用，景观单一，维护不佳，缺乏活力。因此，替换部分原有地被植物为经济作物，如卷心菜、生菜等，重新规划路径，替换硬质铺装材料，方便生产种植与雨水的收集下渗；充分挖掘宅前空间的生产潜力，引导居民种植生产，栽种行道果树既能遮阴纳凉，又能补充食物；架设生产性步行廊道增加更多趣味活动空间，增加食物的生产与雨水的收集，廊道下的空间用于停车，既能够避免对宅前空间的占用，又能够为车辆提供荫蔽等。

（2）建筑单体

选取三类较为典型的单体建筑（图4-65），对其更新步骤进行具体说明。

① 低层建筑

以天津内燃机研究所为例，建筑低矮，日照辐射量受到阴影的影响较大，因此生产性更新以食物生产为主。首先对建筑屋顶结构进行加固，并在建筑山墙面增设楼梯系统通向屋顶平台；在屋顶空间和立面空间设计种植槽等进行农业生产；结合南立面凸窗的形态，在窗户顶部铺设太阳能光伏板组件进行发电。建筑内部，在卫生间设置沼气桶、中水桶，进行雨水、洗漱废水等的收集和处理，并对产生的沼气、沼液、沼渣进行综合处理。最终使整个建筑单体形成自循环体系。

② 多层建筑

选取的典型多层建筑为天大六村加装电梯的试点建筑，当下老旧小区普遍存在住户老龄化现象，既有住宅加装电梯将是老旧小区改造和民生工作的重点，本书以此为趋势进行建筑的更新设计。在加装电梯的基础上设计屋顶温室（温室表面附着

图4-65　住区低层建筑、多层建筑、高层公共建筑现状

（图片来源：李哲）

半透明光伏），解决了此街区内的老年人的垂直交通不方便问题；对电梯进行设计改造，侧边设置物流梯和垃圾道，与街区生产性廊道和围墙结合，综合解决垃圾分类繁琐、物流投送困难等问题；补充雨水收集净化装置，将雨水收集到半地下的蓄水装置中，结合居民室内卫生间的中水系统进行回收利用；立面空间结合封闭窗台进行能源和食物的生产，使立面统一美观。

③ 高层公共建筑

选取时代数码广场的高层建筑进行说明，裙楼用于商业，搭配高层公寓塔楼，可进行生产利用的空间规模较大，配套服务便捷，产权清晰，可以利用其特点在屋顶空间进行天空农场的设计，满足人们休闲、娱乐、教育等需求。首先，对屋顶平台进行加固，设置围栏，保障使用的安全性；对屋顶空间进行空间上的划分，设置多种形式的种植、活动区域等，根据不同空间设计烘焙、科普、教育、娱乐等功能，满足多样化的使用需求；高层建筑立面具备光伏生产的巨大潜力，在公寓楼屋顶和南立面铺设光伏组件进行能源生产；此外，结合雨水收集系统进行作物的灌溉，促进了水资源的循环利用。

三类典型建筑单体更新步骤如图 4-66 所示。

3. 方案资源供需计算评估

从资源供需的角度，定量计算更新后的住区资源供需量。

（1）食物子系统

总计得到蔬菜年产量 3 278 365 kg，水果年产量 17 858.56 kg（表 4-46）。蔬菜消费量为 3 884 769 kg，蔬菜自给率可以达到 84.39%。对不同类型蔬菜的灌溉用水进行计算，总计蔬菜灌溉用水量为 79 193 m³（表 4-47）。

（2）能源子系统

总计得到光伏发电量 27 498 101 kW·h（表 4-48）。除了光伏发电，食物废物处理环节也可以通过有机垃圾等进行沼气生产。依照《城市"有农社区"研究》[12] 中的参数数据进行计算，住区废物可以产生 845 822 m³ 的沼气（表 4-49），沼气发电量为 845 822 m³×1.8 kW·h/m³ ≈ 1 522 480 kW·h [13]。生产 1 m³ 沼气大约可以产生 3.42 kg 沼渣和 2.28 kg 沼液，住区可以生产沼渣 2892.7 t，沼液 1928.5 t。沼渣作为优质基肥时，用量为 34 ～ 45 t/ha，沼液用作追肥时用量为 15 t/ha，按照上文种植

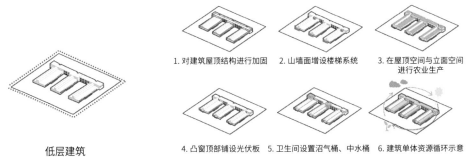

低层建筑

1. 对建筑屋顶结构进行加固　2. 山墙面增设楼梯系统　3. 在屋顶空间与立面空间
　　　　　　　　　　　　　　　　　　　　　　　　　进行农业生产

4. 凸窗顶部铺设光伏板　5. 卫生间设置沼气桶、中水桶　6. 建筑单体资源循环示意

多层建筑

1. 加装电梯　2. 设计屋顶温室　电梯侧边设置物流梯和垃圾道

4. 补充雨水收集净化装置　5. 在立面空间进行能源与　6. 建筑单体资源循环示意
　　　　　　　　　　　　　　　食物的生产

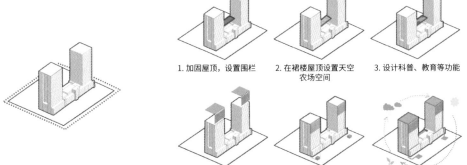

高层公共建筑

1. 加固屋顶，设置围栏　2. 在裙楼屋顶设置天空　3. 设计科普、教育等功能
　　　　　　　　　　　　　农场空间

4. 公寓楼立面和屋顶铺设光伏板　5. 补充雨水收集利用系统　6. 建筑单体资源循环示意

图 4-66　三类典型建筑单体更新步骤

表 4-46　蔬菜和水果年产量

种植类型	总面积 / ㎡	单位产量 /（kg/㎡）	总产量 / kg	总计 / kg
露天种植	159 829	5.47	874 265	蔬菜 3 278 365
光伏温室	42 850	50	2 142 500	
室内水培	6540	40	261 600	
果树栽培	6976	2.56	17 858.56	水果 17 858.56

表 4-47　蔬菜灌溉用水量

种植类型	总面积 / ㎡	单位面积年用水量 /（L/（年·㎡））	总用水量 / L	总计 / m³
露天种植	159 829	470	75 119 630	79 193
光伏温室	42 850	82.5	3 535 125	
室内水培	6540	82.25	537 915	

表 4-48　光伏发电量

光伏组件类型	总光伏面积 / ㎡	单位产量 /（kW·h/㎡）	发电量 / kW·h	总计 / kW·h
屋顶光伏组件	114 613	129.7	14 865 306	27 498 101
立面光伏构件	64 986	121.4	7 889 300	
光伏温室	42 850	110.7	4 743 495	

表 4-49　沼气产量

资源种类	数量 / kg	干重（TS）/（%）	沼气产量 /（m³/kgTS）	沼气量 / m³	总计 / m³
粪便	6 108 275	20	0.49	598 611	845 822
有机生活垃圾	6 230 440	10.2	0.389	247 211.4	

面积大约 22.6 ha，生产的沼液、沼渣完全可以满足本地施肥的要求。总计发电量为 29 020 581 kW·h，住区居民的电力消耗总量为 25 232 040 kW·h，可以实现 100% 的电力自给，并储存能源 3 788 541 kW·h。

（3）水子系统

天津市年降雨量为 542 mm，根据表 4-36 中的计算方式计算得到：雨水收集量可达 80 361 m³，渗透量达到 39 103 m³，可有效补充地下水（表 4-50）。在上文的计算中，住区灌溉用水量为 79 193 m³，雨水的收集利用可以完全覆盖实现食物生产的用水，并且还有余量，可以对生活用水做出补偿。住区年生活用水量为

1 143 914.53 m³，产生废水约 9 444 118 m³，通过对中水的循环利用，每年可以回收利用 343 174.36 m³，减少污水 36.3% 的排放率（表 4-51）。

表 4-50　雨水收集 / 渗透量

位置	总面积 / m²	径流系数	收集 / 渗透量 / m³	总计 / m³
屋顶	157 799	0.9	76 974	雨水收集 80 361
地面集水池	2325	1	1260	
硬质道路	6540	0.6	2127	
新增绿地	71 936	0.85	33 141	渗透 39 103
渗透铺装	27 500	0.4	5962	

表 4-51　中水回用量

资源	消费量 / m³	回用比例	回用水量 / m³	减少污水排放率
生活用水	1 143 914.53	30%	343 174.36	36.3%

住区绿色生产性更新后，食物子系统中蔬菜年产量可达 3 278 365 kg，蔬菜自给率 84.39%，生产肥料 100% 自给；能源子系统中光伏发电潜力可达 27 498 101 kW·h，有机废物沼气发电 1 522 480 kW·h，实现电力 100% 自给，还可以将多余电力并入电网；水子系统实现雨水最大化回收利用，收集雨水 80 361 m³，减少地面径流 39 103 m³，理论上雨水收集量可以完全满足食物生产灌溉用水需求。

参考文献

1 既有住区生产性更新基础理论

[1] REES W E, WACKERNAGEL M. Urban ecological footprints: why cities cannot be sustainable– and why they are a key to sustainability[J]. Environmental Impact Assessment Review, 2008, 16(4): 537-555.

[2] MILLER E, BASTURK S, DWORATZEK P, et al. 2023. National ecological footprint and biocapacity accounts, 2023 Edition. (Version 1.0). [DB/OL]. Produced for Footprint Data Foundation by York University Ecological Footprint Initiative in partnership with Global Footprint Network. https://footprint.info.yorku.ca/data/.

[3] 中华人民共和国自然资源部. 2017中国土地矿产海洋资源统计公报[R/OL]. (2018-04-21) [2020-02-01]. http://gi.mnr.gov.cn/201805/t20180518_1776792.html.

[4] 中华人民共和国生态环境部. 关于2019年统筹强化监督（第二阶段）黑臭水体专项核查情况的通报[DB/OL]. [2020-01-16]. http://www.mee.gov.cn/ywgz/ssthjbh/dbssthjgl/202001/t20200116_759626.shtml.

[5] 中华人民共和国生态环境部. 关于通报全国集中式饮用水水源地环境保护专项行动进展情况的函[DB/OL]. (2018-08-01)[2020-02-01]. http://www.mee.gov.cn/xxgk2018/xxgk/xxgk06/201808/t20180815_629819.html.

[6] 刘朝全，姜学峰. 2018年国内外油气行业发展报告[M]. 北京：石油工业出版社，2019.

[7] 国家统计局. 2018年国民经济和社会发展统计公报[R/OL]. [2019-02-18]. http://www.stats.gov.cn/sj/zxfb/202302/t20230203_1900241.html?eqid=8941dc25000954ec00000003642fc101.

[8] RODRIQUE L P, FARRA F, JUN N, et al. The future of manufacturing: driving capabilities, enabling investments[C]. Geneva, Switzerland: World Economic Forum, 2014.

[9] HAUSMANN R, HIDALGO C A, BUSTOS S, et al. The atlas of economic complexity: mapping paths to prosperity[M]. Cambridge, MA: MIT Press, 2014.

[10] 顾朝林，辛章平，贺鼎. 服务经济下北京城市空间结构的转型[J]. 城市问题，2011(9): 2-7.

[11] MANAGI S, HIBIKI A, TSURUMI T. Does trade liberalization reduce pollution emissions?[R].
      Tokyo: Research Institute of Economy, Trade and Industry (RIETI), 2008.

[12] GUALLART V. The self-sufficient city: internet has changed our lives but it hasn't changed our
      cities, yet[M]. Barcelona: Actar, 2014.

[13] 凯利. 必然[M]. 周峰, 董理, 金阳, 译. 北京: 电子工业出版社, 2016.

[14] The World Bank, Development Research Center of the State Council. Urban China: toward efficient,
      inclusive, and sustainable urbanization[M]. Washington, DC: World Bank Publications, 2014.

[15] DELASALLE J, HOLLAND M. Agricultural urbanism: handbook for building sustainable food
      systems in 21st century cities[M]. Sheffield, VT: Libri Publishing, 2010.

[16] 雅各布斯. 城市与国家财富: 经济生活的基本原则[M]. 金洁, 译. 北京: 中信出版社,
      2008.

[17] LADERA T D. Fab city whitepaper locally productive, globally connected self-sufficient
      cities[R/OL]. Barcelona: Fab City Global Initiative, 2016. https://fab.city/uploads/whitepaper.pdf.

[18] GIRARDET H. Creating regenerative cities[M]. London: Routledge, 2014.

[19] MOSTAFAVI M, DOHERTY G. Ecological urbanism[M]. Zurich: Lars Müller Publishers, 2010.

[20] ROVERS R, ROVERS V, LEDUC W, et al. Urban harvest+ approach for 0-impact built
      environments, case Kerkrade west[J]. International Journal of Sustainable Building Technology and
      Urban Development, 2011(2): 111-117.

[21] BRUGMANN J. The productive city–9 billion people can thrive on earth[C]. Belo Horizonte,
      Brazil: ICLEI world congress, 2012.

[22] TOBOSO-CHAVERO S, NADAL A, PETIT-BOIX A, et al. Towards productive cities:
      environmental assessment of the food-energy-water nexus of the urban roof mosaic[J]. Journal of
      Industrial Ecology, 2019, 23(4): 767-780.

[23] NELSON N, Doepel Strijkers Architects. Planning the productive city[Z]. Rotterdam: Delft
      Technical University, 2009.

[24] Institute for Advanced Architecture of Catalonia. 6th advanced architecture contest – productive
      city[EB/OL]. [2015-07-06]. http://www.advancedarchitecturecontest.org/productive-city/.

[25] IABR-2016-Atelier Rotterdam. The productive city-development perspectives for a regional
      manufacturing economy[M]. Rotterdam: International Architecture Biennale Rotterdam, 2016.

[26] EUROPAN. Europan 14: productive cities; Europan 15: productive cties[EB/OL]. [2019-03-18].

https://www.europan-europe.eu/en/sessions-info/.

[27] 杨开忠，杨咏，陈洁. 生态足迹分析理论与方法[J]. 地球科学进展，2000，15(6)：630-636.

[28] 国际欧亚科学院中国科学中心，中国市长协会，中国城市规划学会，等. 中国城市状况报告2014/2015[M]. 北京：中国城市出版社，2014.

[29] 瑞吉斯特. 生态城市：重建与自然平衡的人居环境[M]. 修订版. 王如松，译. 北京：社会科学文献出版社，2010.

[30] 张玉坤，郑婕. "新精神"的召唤——当代城市与建筑的世纪转型[J]. 建筑学报，2016(10)：114-119.

[31] Food and Agriculture Organization of the United Nations. Green cities initiative-action programme: building back better[EB/OL]. (2020-09-18). http://www.fao.org/about/meetings/fao-green-cities-initiative/en/.

[32] 尹靖华，顾国达. 我国粮食中长期供需趋势分析[J]. 华南农业大学学报（社会科学版），2015，14(2)：76-83.

[33] 国家统计局. 2020中国统计年鉴[EB/OL]. (2020-09)[2023-11-06]. http://www.stats.gov.cn/sj/ndsj/2020/indexch.htm.

[34] 国家发展改革委，国家能源局，财政部，自然资源部，生态环境部，住房和城乡建设部，农业农村部，中国气象局，国家林业和草原局. 关于印发"十四五"可再生能源发展规划的通知（发改能源〔2021〕1445号）[EB/OL]. (2021-10-21) [2024-01-27]. http://zfxxgk.nea.gov.cn/2021-10/21/c_1310611148.htm.

[35] 石爱华，范钟铭. 从"增量扩张"转向"存量挖潜"的建设用地规模调控[J]. 城市规划，2011，35(8)：88-90，96.

[36] 环亚经济数据有限公司（CEIC）. China Premium Database//CEIC's economic databases. [R/OL]. (2024-01-30). https://insights.ceicdata.com.

[37] 纽曼，比特利，博耶，等. 弹性城市：应对石油紧缺与气候变化[M]. 王量量，韩洁，译. 北京：中国建筑工业出版社，2012.

2 资源设施系统与住区建成环境重构策略

[1] 中华人民共和国住房和城乡建设部. 城市居住区规划设计标准: GB 50180—2018[S]. 北京: 中国建筑工业出版社, 2018.

[2] 赵彦云, 张波, 周芳. 基于POI的北京市"15分钟社区生活圈"空间测度研究[J]. 调研世界, 2018 (5): 17-24.

[3] 孙蕊, 齐天真. 天津绿色蔬菜供应链整合研究[J]. 合作经济与科技, 2014(15): 14-15.

[4] 刘畅, 刘征. 基于居民空间行为数据分析的菜市场布局研究——以天津市北辰区为例[C]//中国城市规划学会. 规划60年: 成就与挑战——2016中国城市规划年会论文集. 北京: 中国建筑工业出版社, 2016: 1-14.

[5] 加快推进设施建设, 明年天津启动生活垃圾分类[EB/OL]. (2017-12-26) [2018-08-16]. http://bbs1.people.com.cn/post/129/1/2/165774195.html.

[6] 马运凤. 集成屋顶农业的兼农循环住宅构建研究[D]. 济南: 山东建筑大学, 2017.

[7] 翁史烈, 罗永浩. 大型城市生活垃圾可持续综合利用战略研究[M]. 上海: 科学技术出版社, 2016.

3 社会关系重构与生活方式重塑策略

[1] González J R. El gobierno del territorio en España. Balance de iniciativas de coordinación y cooperación territorial[J]. BAGE: Boletín de la Asociación de Geógrafos Españoles, 2005 (39): 59-86.

[2] ROTHWELL G. Reindustrialization and technology[M]. London: Routledge, 1985.

[3] LEE M, BAKICI T, ALMIRALL E, et al. New governance models towards an open Internet ecosystem for smart connected European cities and regions[J]. Open Innovation, Directorate-General for the Information Society and Media, European Commission, 2012: 91-93.

[4] 唐子来，朱弋宇. 西班牙城市规划中的设计控制[J]. 城市规划，2003(10)：72-74.

[5] 程同顺，邢西敬. 从政治系统论认识国家治理现代化[J]. 行政论坛，2017，24(3)：18-24.

[6] FRAMPTON K, DE SOLÀ-MORALES M, GEUZE A. Manuel de Solà-Morales: a matter of things[M]. Rotterdam: nai publishers, 2008.

[7] 李㤖，宋捷. 城市绿轴——巴塞罗那城市慢行网络建设的风景园林途径研究[J]. 风景园林，2019，26(5)：65-70.

[8] JACOBS J. The economy of cities[M]. London: Vintage, 2016.

[9] Ajuntament de Barcelona. Barcelona: building a resilient city[R/OL]. [2020-08-01]. https://ajuntament.barcelona.cat/ecologiaurbana/sites/default/files/ModelResilienciaBarcelona.pdf.

[10] 张静. 基于生态环境视角的国外都市农业分析[J]. 世界农业，2013(6)：126-128.

[11] 马宏，应孔晋. 社区空间微更新——上海城市有机更新背景下社区营造路径的探索[J]. 时代建筑，2016(4)：10-17.

[12] 邹华华，于海. 城市更新：从空间生产到社区营造——以上海"创智农园"为例[J]. 新视野，2017(6)：86-92.

[13] 朱金，潘嘉虹，赵文忠，等. 城市住区中的"菜园"现象、邻里矛盾及对策探讨：基于对杭州市古荡街道的调查[J]. 国际城市规划，2016，31(2)：90-97.

[14] PUTNAM R D. Democracies in flux: the evolution of social capital in contemporary society[M]. Oxford: Oxford University Press, 2004.

[15] 潘泽泉. 社会资本与社区建设[J]. 社会科学，2008(7)：104-110.

[16] BELL S, FOX-KÄMPER R, KESHAVARZ N, et al. Urban allotment gardens in Europe[M]. New York: Routledge, 2016: 199-289.

4 住区生产性更新设计方法

[1] HOU J, GROHMANN D. Integrating community gardens into urban parks: lessons in planning, design and partnership from Seattle[J]. Urban Forestry & Urban Greening, 2018(33): 46-55.

[2] KINGSLEY J, TOWNSEND M. 'Dig in' to social capital: community gardens as mechanisms for growing urban social connectedness[J]. Urban Policy and Research, 2006, 24(4): 525-537.

[3] BENDT P, BARTHEL S B, COLDING J. Civic greening and environmental learning in public-access community gardens in Berlin[J]. Landscape and Urban Planning, 2013, 109(1): 18-34.

[4] KLEINHANS R, PRIEMUS H, ENGBERSEN G. Understanding social capital in recently restructured urban neighbourhoods: two case studies in Rotterdam[J]. Urban Studies, 2007, 44(5/6): 1069-1091.

[5] WALSH C C. Gardening together: social capital and the cultivation of urban community[D]. Cleveland: Case Western Reserve University, 2011.

[6] 住房和城乡建设部标准定额研究所. 屋面工程技术规范 GB 50345—2012[S]. 北京: 中国建筑工业出版社, 2012.

[7] BENIS K, REINHART C, FERRÃO P. Development of a simulation-based decision support workflow for the implementation of Building-Integrated Agriculture (BIA) in urban contexts[J]. Journal of Cleaner Production, 2017(147): 589-602.

[8] BENIS K, TURAN I, REINHART C, et al. Putting rooftops to use – a cost-benefit analysis of food production vs. energy generation under Mediterranean climates[J]. Cities, 2018(78): 166-179.

[9] CHENANI S B, LEHVÄVIRTA S, HÄKKINEN T. Life cycle assessment of layers of green roofs[J]. Journal of Cleaner Production, 2015(90): 153-162.

[10] JIN W, LOPEZ D F, HEUVELINK E, et al. Light use efficiency of lettuce cultivation in vertical farms compared with greenhouse and field[J]. Food and Energy Security, 2022, 12(1).

[11] FAO, Soil Resources, Management, and Conservation Service. Agro-ecological zoning: guidelines[M]. Rome: Food and Agriculture Organization of the United Nations, 1996.

[12] 刘长安. 城市"有农社区"研究[D]. 天津: 天津大学, 2014.

[13] LEE J, BAE K H, YOUNOS T. Conceptual framework for decentralized green water-infrastructure systems[J]. Water and Environment Journal, 2018.